5 確率密度関数

連続型確率変数 X の分布曲線が
$y=f(x)$ で表されるとき，$P(\alpha \leqq X \leqq \beta)$ は，
分布曲線 $y=f(x)$ の $\alpha \leqq X \leqq \beta$ の部分と x 軸にはさまれた部分（図の灰色部分）の面積。

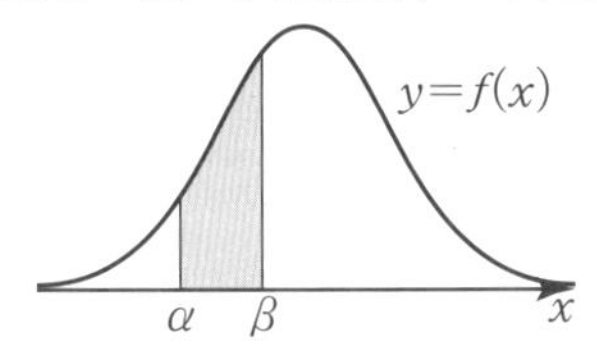

確率密度関数 $f(x)$ について
- $f(x) \geqq 0$
- 分布曲線 $y=f(x)$ と x 軸ではさまれた部分の面積は 1（確率の合計は 1）

6 正規分布

平均 μ，標準偏差 σ の正規分布：$N(\mu,\ \sigma^2)$
X が $N(\mu,\ \sigma^2)$ に従うとき
- 期待値　$E(X)=\mu$
- 標準偏差　$\sigma(X)=\sigma$

7 標準正規分布と正規分布表

標準正規分布：$\mu=0$，$\sigma=1$ の正規分布
正規分布表：標準正規分布 $N(0,\ 1)$ に従う確率変数 Z に対して，$P(0 \leqq Z \leqq t)$ の値をまとめたもの

例　$P(0 \leqq Z \leqq 1)=0.3413$
　　$P(0 \leqq Z \leqq 1.42)=0.4222$

t	.00	.01	.02	…
0.0	0.0000	0.0040	0.0080	
0.1	0.0398	0.0438	0.0478	
⋮	⋮	⋮	⋮	
1.0	0.3413	0.3438	0.3461	
⋮	⋮	⋮	⋮	
1.4	0.4192	0.4207	0.4222	
⋮	⋮	⋮	⋮	

8 確率変数の標準化

X が $N(\mu,\ \sigma^2)$ に従うとき，
$Z=\dfrac{X-\mu}{\sigma}$ とおくと，
確率変数 Z は標準正規分布 $N(0,\ 1)$ に従う。

9 二項分布の正規分布による近似

二項分布 $B(n,\ p)$ は，n が十分大きいとき，
正規分布 $N(np,\ np(1-p))$ で近似できる。

10 母集団と標本

母集団分布：母集団における確率変数 X の分布
母平均：母集団分布の平均
母分散：母集団分布の分散
母標準偏差：母集団分布の標準偏差
母平均 μ，母標準偏差 σ の母集団から大きさ n の標本を抽出するとき，標本平均 $\overline{X}$ について
- 期待値　$E(\overline{X})=\mu$
- 分散　$V(\overline{X})=\dfrac{\sigma^2}{n}$
- 標準偏差　$\sigma(\overline{X})=\dfrac{\sigma}{\sqrt{n}}$

n が十分大きければ，$\overline{X}$ の分布は正規分布 $N\left(\mu,\ \dfrac{\sigma^2}{n}\right)$ で近似できる。

11 母平均の推定

母標準偏差 σ の母集団から，大きさ n の標本を抽出するとき，n が十分大きければ，母平均 μ に対する信頼度 95 % の信頼区間は

$$\overline{X}-1.96\times\frac{\sigma}{\sqrt{n}} \leqq \mu \leqq \overline{X}+1.96\times\frac{\sigma}{\sqrt{n}}$$

n が十分大きければ，母標準偏差がわからないとき，標本の標準偏差を代わりに用いてもよい。

12 母比率の推定

母集団から大きさ n の標本を抽出するとき，
標本比率を p_0 とすると，n が十分大きければ，
母比率 p に対する信頼度 95 % の信頼区間は

$$p_0-1.96\sqrt{\frac{p_0(1-p_0)}{n}} \leqq p \leqq p_0+1.96\sqrt{\frac{p_0(1-p_0)}{n}}$$

13 仮説検定

ある仮説が成り立つかどうかを検証する手法。
(I)　母集団について，帰無仮説を立てる。
(II)　帰無仮説のもとで，有意水準を定め，棄却域を求める。
(III)　標本から得られた値が棄却域に
- 含まれるとき…帰無仮説は棄却される。（対立仮説が正しいと判断できる）
- 含まれないとき…帰無仮説は棄却されない。（対立仮説が正しいかどうか判断できない）

- 帰無仮説：検証したいことに反する仮説
- 有意水準：判断の基準になる確率
- 棄却域：帰無仮説が成り立つという仮定のもとでは，有意水準以下の確率でしか得られない値の範囲
- 対立仮説：検証したかったもとの仮説

本書は，数学B（数列・統計的な推測）の内容の理解と復習を目的に編修した問題集です。
各項目を見開き２ページで構成し，左側は**例題**と**類題**，右側はExerciseとJUMPとしました。

本書の使い方

例題
各項目で必ずマスターしておきたい代表的な問題を解答とともに掲載しました。右にある基本事項と合わせて，解法を確認できます。

Exercise
類題と同レベルの問題に加え，少しだけ応用力が必要な問題を扱っています。易しい問題から順に配列してありますので，あきらめずに取り組んでみましょう。

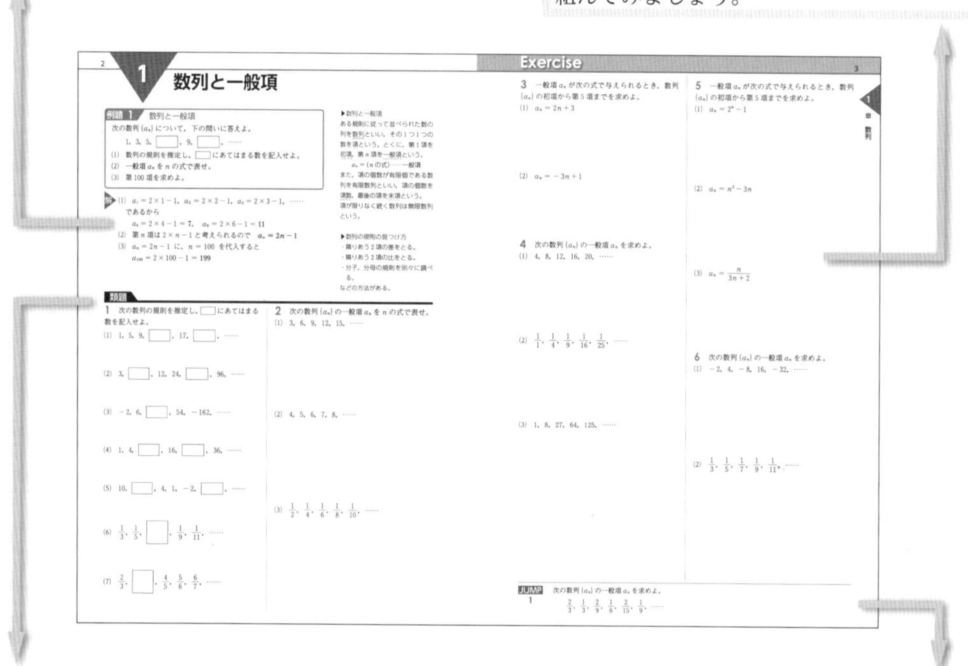

2

1 数列と一般項

例題 1 数列と一般項
次の数列 $\{a_n\}$ について，下の問いに答えよ。
1, 3, 5, □, 9, □, ……
(1) 数列の規則を推定し，□ にあてはまる数を記入せよ。
(2) 一般項 a_n を n の式で表せ。
(3) 第100項を求めよ。

解 (1) $a_1 = 2\times1-1$, $a_2 = 2\times2-1$, $a_3 = 2\times3-1$, ……
であるから
$a_4 = 2\times4-1 = 7$, $a_6 = 2\times6-1 = 11$
(2) 第 n 項は $2\times n-1$ と考えられるので $a_n = 2n-1$
(3) $a_n = 2n-1$ に，$n = 100$ を代入すると
$a_{100} = 2\times100-1 = 199$

▶数列と一般項
ある規則に従って並べられた数の列を数列といい，その１つ１つの数を項という。とくに，第１項を初項，第 n 項を一般項という。
$a_n = (n$ の式$)$……一般項
また，項の個数が有限個である数列を有限数列といい，項の個数を項数，最後の項を末項という。
項が限りなく続く数列は無限数列という。

▶数列の規則の見つけ方
・隣りあう２項の差をとる。
・隣りあう２項の比をとる。
・分子，分母の規則を別々に調べる。
などの方法がある。

類題

1 次の数列の規則を推定し，□ にあてはまる数を記入せよ。
(1) 1, 5, 9, □, 17, □, ……
(2) 3, □, 12, 24, □, 96, ……
(3) −2, 6, □, 54, −162, ……
(4) 1, 4, □, 16, □, 36, ……
(5) 10, □, 4, 1, −2, □, ……
(6) $\frac{1}{3}$, $\frac{1}{5}$, □, $\frac{1}{9}$, $\frac{1}{11}$, ……
(7) $\frac{2}{3}$, □, $\frac{4}{5}$, $\frac{5}{6}$, $\frac{6}{7}$, ……

2 次の数列 $\{a_n\}$ の一般項 a_n を n の式で表せ。
(1) 3, 6, 9, 12, 15, ……
(2) 4, 5, 6, 7, 8, ……
(3) $\frac{1}{2}$, $\frac{1}{4}$, $\frac{1}{6}$, $\frac{1}{8}$, $\frac{1}{10}$, ……

Exercise 3

3 一般項 a_n が次の式で与えられるとき，数列 $\{a_n\}$ の初項から第５項までを求めよ。
(1) $a_n = 2n+3$
(2) $a_n = -3n+1$

4 次の数列 $\{a_n\}$ の一般項 a_n を求めよ。
(1) 4, 8, 12, 16, 20, ……
(2) $\frac{1}{1}$, $\frac{1}{4}$, $\frac{1}{9}$, $\frac{1}{16}$, $\frac{1}{25}$, ……
(3) 1, 8, 27, 64, 125, ……

5 一般項 a_n が次の式で与えられるとき，数列 $\{a_n\}$ の初項から第５項までを求めよ。
(1) $a_n = 2^n-1$
(2) $a_n = n^2-3n$
(3) $a_n = \frac{n}{3n+2}$

6 次の数列 $\{a_n\}$ の一般項 a_n を求めよ。
(1) −2, 4, −8, 16, −32, ……
(2) $\frac{1}{3}$, $\frac{1}{5}$, $\frac{1}{7}$, $\frac{1}{9}$, $\frac{1}{11}$, ……

JUMP 1 次の数列 $\{a_n\}$ の一般項 a_n を求めよ。
$\frac{2}{3}$, $\frac{1}{3}$, $\frac{2}{9}$, $\frac{1}{6}$, $\frac{2}{15}$, $\frac{1}{9}$, ……

1章 数列

類題
例題と同レベルの問題です。解き方がわからないときは，例題を参考にしてみましょう。

JUMP
Exerciseより応用力が必要な問題を扱っています。選択的に取り組んでみましょう。

まとめの問題
いくつかの項目を復習するために設けてあります。内容が身に付いたか確認するために取り組んでみましょう。

数学B

第１章　数列

第２章　確率分布と統計的な推測

問題数	第１章	第２章	合計
例題	14	21	35
類題	21	12	33
Exercise	41	36	77
JUMP	11	10	21
まとめの問題	18	15	33

1 数列と一般項

例題 1 数列と一般項

次の数列 $\{a_n\}$ について，下の問いに答えよ。

1，3，5，□，9，□，……

(1) 数列の規則を推定し，□ にあてはまる数を記入せよ。

(2) 一般項 a_n を n の式で表せ。

(3) 第 100 項を求めよ。

(1) $a_1 = 2\times1-1$，$a_2 = 2\times2-1$，$a_3 = 2\times3-1$，……

であるから

$a_4 = 2\times4-1 = \mathbf{7}$，　$a_6 = 2\times6-1 = \mathbf{11}$

(2) 第 n 項は $2\times n-1$ と考えられるので　$\boldsymbol{a_n = 2n-1}$

(3) $a_n = 2n-1$ に，$n = 100$ を代入すると

$a_{100} = 2\times100-1 = \mathbf{199}$

▶数列と一般項

ある規則に従って並べられた数の列を数列といい，その1つ1つの数を項という。とくに，第1項を初項，第 n 項を一般項という。

$a_n = (n$ の式$)$……一般項

また，項の個数が有限個である数列を有限数列といい，項の個数を項数，最後の項を末項という。

項が限りなく続く数列は無限数列という。

▶数列の規則の見つけ方

・隣りあう 2 項の差をとる。

・隣りあう 2 項の比をとる。

・分子，分母の規則を別々に調べる。

などの方法がある。

類題

1 次の数列の規則を推定し，□ にあてはまる数を記入せよ。

(1) 1，5，9，□，17，□，……

(2) 3，□，12，24，□，96，……

(3) -2，6，□，54，-162，……

(4) 1，4，□，16，□，36，……

(5) 10，□，4，1，-2，□，……

(6) $\frac{1}{3}$，$\frac{1}{5}$，□，$\frac{1}{9}$，$\frac{1}{11}$，……

(7) $\frac{2}{3}$，□，$\frac{4}{5}$，$\frac{5}{6}$，$\frac{6}{7}$，……

2 次の数列 $\{a_n\}$ の一般項 a_n を n の式で表せ。

(1) 3，6，9，12，15，……

(2) 4，5，6，7，8，……

(3) $\frac{1}{2}$，$\frac{1}{4}$，$\frac{1}{6}$，$\frac{1}{8}$，$\frac{1}{10}$，……

3 一般項 a_n が次の式で与えられるとき，数列 $\{a_n\}$ の初項から第5項までを求めよ。

(1) $a_n = 2n + 3$

(2) $a_n = -3n + 1$

4 次の数列 $\{a_n\}$ の一般項 a_n を求めよ。

(1) 4，8，12，16，20，……

(2) $\frac{1}{1}$，$\frac{1}{4}$，$\frac{1}{9}$，$\frac{1}{16}$，$\frac{1}{25}$，……

(3) 1，8，27，64，125，……

5 一般項 a_n が次の式で与えられるとき，数列 $\{a_n\}$ の初項から第5項までを求めよ。

(1) $a_n = 2^n - 1$

(2) $a_n = n^2 - 3n$

(3) $a_n = \frac{n}{3n+2}$

6 次の数列 $\{a_n\}$ の一般項 a_n を求めよ。

(1) -2，4，-8，16，-32，……

(2) $\frac{1}{3}$，$\frac{1}{5}$，$\frac{1}{7}$，$\frac{1}{9}$，$\frac{1}{11}$，……

JUMP 1 次の数列 $\{a_n\}$ の一般項 a_n を求めよ。

$\frac{2}{3}$，$\frac{1}{3}$，$\frac{2}{9}$，$\frac{1}{6}$，$\frac{2}{15}$，$\frac{1}{9}$，……

2 等差数列

例題 2　等差数列(1)

次の等差数列 $\{a_n\}$ について，下の問いに答えよ。

3，5，7，9，11，……

(1)　初項と公差を求めよ。　　(2)　一般項を求めよ。

(3)　49 は第何項か。

(1)　**初項は 3**

$a_2 - a_1 = 5 - 3 = 2$　より，**公差は 2**

(2)　初項が 3，公差が 2 の等差数列の一般項は，

$\boldsymbol{a_n} = 3 + (n-1) \times 2 = \boldsymbol{2n+1}$

(3)　第 n 項が 49 のとき，$2n+1 = 49$　より　$n = 24$

すなわち，49 は**第 24 項**である。

▶等差数列

ある数 a に次々と一定の数 d を加えて得られる数列を等差数列といい，a を初項，d を公差という。

a_1，a_2，a_3，…，a_n，a_{n+1}，…

$+d$　$+d$　　$+d$

$a_{n+1} - a_n = d$ が成り立つ。

▶等差数列の一般項

初項を a，公差を d とすると，等差数列 $\{a_n\}$ の一般項は

$a_n = a + (n-1)d$

例題 3　等差数列(2)

第 4 項が 4，第 7 項が 13 である等差数列 $\{a_n\}$ の一般項を求めよ。

この等差数列の初項を a，公差を d とすると

$$\begin{cases} a_4 = a + 3d = 4 & \cdots\cdots① \\ a_7 = a + 6d = 13 & \cdots\cdots② \end{cases}$$

$\leftarrow a_n = a + (n-1)d$

②－①より　$3d = 9$　すなわち　$d = 3$

これを①に代入すると　$a + 3 \times 3 = 4$　すなわち　$a = -5$

よって，求める一般項は　$\boldsymbol{a_n} = -5 + (n-1) \times 3 = \boldsymbol{3n-8}$

▶等差中項

3 つの数 a，b，c がこの順に等差数列であるとき，

$2b = a + c$

が成り立ち，この b を等差中項という。

類題

7　初項が 1，公差が 3 の等差数列の初項から第 5 項までをかき並べよ。

8　次の等差数列 $\{a_n\}$ の初項 a と公差 d を求めよ。

(1)　3，7，11，15，19，……

(2)　5，2，-1，-4，-7，……

9　次の等差数列 $\{a_n\}$ について，下の問いに答えよ。

1，6，11，16，21，26，……

(1)　初項 a と公差 d を求めよ。

(2)　一般項を求めよ。

(3)　96 は第何項か。

10 初項が 2，公差が 7 の等差数列 $\{a_n\}$ について，次の問いに答えよ。

(1) 一般項を求めよ。

(2) 第 11 項を求めよ。

(3) 100 は第何項か。

11 公差が 3，第 5 項が 16 である等差数列 $\{a_n\}$ の一般項を求めよ。

12 初項が 9，第 8 項が 51 である等差数列 $\{a_n\}$ の公差を求めよ。

13 第 2 項が -1，第 5 項が 8 である等差数列 $\{a_n\}$ の一般項を求めよ。

14 第 5 項が 17，末項が 37，項数が 10 である等差数列 $\{a_n\}$ の一般項を求めよ。

15 初項が 37，公差が -4 である等差数列 $\{a_n\}$ において，初めて負になるのは第何項か。

16 3 つの数 4，x，20 がこの順に等差数列であるとき，x の値を求めよ。

JUMP 2 3 つの数 a，b，c はこの順に等差数列をなす。この 3 つの数の和が -3，2 乗の和が 11 であるとき，3 つの数を求めよ。

3 等差数列の和

例題 4　等差数列の和(1)

次の等差数列の和を求めよ。
(1)　初項 3，末項 23，項数 11
(2)　初項 3，公差 2，初項から第 16 項まで

▶等差数列の和
①　初項 a，末項 l，項数 n のとき，和 S_n は

$$S_n=\frac{1}{2}n(a+l)$$

②　初項 a，公差 d，項数 n のとき，和 S_n は

$$S_n=\frac{1}{2}n\{2a+(n-1)d\}$$

解 (1)　初項 3，末項 23，項数 11 の等差数列の和 S_{11} は

$$S_{11}=\frac{1}{2}\times 11\times(3+23)=\mathbf{143}$$

(2)　初項 3，公差 2 の等差数列の初項から第 16 項までの和 S_{16} は

$$S_{16}=\frac{1}{2}\times 16\times\{2\times 3+(16-1)\times 2\}=\mathbf{288}$$

例題 5　等差数列の和(2)

次の等差数列の和 S を求めよ。
3，7，11，15，……，139

解 与えられた等差数列の初項は 3，公差は 4 である。
139 を第 n 項とすると

$3+(n-1)\times 4=139$　　←$a_n=a+(n-1)d$

よって　$n=35$

ゆえに，求める和 S は

$$S=\frac{1}{2}\times 35\times(3+139)=\mathbf{2485}$$

類題

17　次の等差数列の和を求めよ。
(1)　初項 10，末項 80，項数 8

(2)　初項 2，公差 6，初項から第 20 項まで

18　次の等差数列の和 S を求めよ。
1，4，7，10，……，82

19 次の等差数列の和を求めよ。

(1) 初項 12，末項 -88 項数 21

(2) 初項 1，公差 -4，初項から第 18 項まで

20 次の等差数列の和 S を求めよ。

(1) -8，-3，2，7，……，47

(2) 23，19，15，11，……，-5

21 次の等差数列の和 S を求めよ。

(1) $1+2+3+\cdots\cdots+70$

(2) $1+3+5+\cdots\cdots+79$

22 2 桁の自然数のうち，5 で割ると 3 余る数の和 S を求めよ。

JUMP 3 初項が 4，公差が 3 である等差数列の第 n 項までの和が 50 であるとき，n を求めよ。

4 等比数列

例題 6 等比数列(1)

次の等比数列 $\{a_n\}$ について，下の問いに答えよ。

1，3，9，27，……

(1) 初項と公比を求めよ。 (2) 一般項を求めよ。

(3) 第7項を求めよ。

(1) **初項は1**で，$\dfrac{a_2}{a_1}=\dfrac{3}{1}=3$ より，**公比は3**

(2) 初項が1，公比が3のとき，一般項 a_n は，

$\boldsymbol{a_n}=1\times3^{n-1}=\boldsymbol{3^{n-1}}$

(3) 第7項は，$n=7$ を代入して $a_7=3^{7-1}=3^6=\boldsymbol{729}$

▶等比数列

ある数 a に次々と一定の数 r を掛けて得られる数列を等比数列といい，a を初項，r を公比という。

a_1，a_2，a_3，…，a_n，a_{n+1}，…

$\times r$ $\times r$ $\times r$

$a_1\neq0$，$r\neq0$ のとき，

$\dfrac{a_{n+1}}{a_n}=r$

例題 7 等比数列(2)

第2項が6，第4項が54の等比数列 $\{a_n\}$ の一般項を求めよ。

この等比数列の初項を a，公比を r とすると

$a_2=ar=6$ ……① $a_4=ar^3=54$ ……② ←$a_n=ar^{n-1}$

②より $ar\times r^2=54$ ←$ar^3=ar\times r^2$

①を代入すると $6\times r^2=54$

よって $r^2=9$ すなわち $r=\pm3$

ゆえに，求める一般項は，①から

$r=3$ のとき，$a=2$ より $\boldsymbol{a_n=2\cdot3^{n-1}}$

$r=-3$ のとき，$a=-2$ より $\boldsymbol{a_n=-2\cdot(-3)^{n-1}}$

▶等比数列の一般項

初項を a，公比を r とすると，

$a_n=ar^{n-1}$

▶等比中項

0でない3つの数 a，b，c がこの順に等比数列であるとき，

$b^2=ac$

が成り立ち，b を等比中項という。

類題

23 初項が5，公比が2の等比数列の初項から第5項までをかき並べよ。

24 次の等比数列 $\{a_n\}$ について，下の問いに答えよ。

7，14，28，56，……

(1) 初項 a と公比 r を求めよ。

(2) 一般項を求めよ。

(3) 第7項を求めよ。

25 次の等比数列 $\{a_n\}$ の一般項および第5項を求めよ。

(1) 初項3，公比3

(2) 初項13，公比 $-\frac{1}{2}$

26 初項が3，第4項が81の等比数列 $\{a_n\}$ の公比を求めよ。ただし，公比は実数とする。

27 第5項が324，公比が3である等比数列 $\{a_n\}$ の初項を求めよ。

28 第2項が -6，第5項が48の等比数列 $\{a_n\}$ の初項と公比を求めよ。ただし，公比は実数とする。

29 第4項が40，第6項が160の等比数列 $\{a_n\}$ の一般項を求めよ。

30 3つの数6，x，9がこの順に等比数列であるとき，x の値を求めよ。

JUMP 4 3つの整数5，x，y がこの順に等比数列であり，また，x，5，y がこの順に等差数列である。このとき，x，y を求めよ。ただし，$x < y$ とする。

5 等比数列の和

例題 8 等比数列の和

次の等比数列の和を求めよ。

(1) 初項 3，公比 2，初項から第 8 項まで

(2) 初項 9，公比 $\frac{1}{3}$，初項から第 6 項まで

(3) -1，3，-9，27，……の初項から第 n 項まで

▶等比数列の和
初項を a，公比を r，初項から第 n 項までの和を S_n とすると，
$r \neq 1$ のとき
$$S_n = \frac{a(1-r^n)}{1-r}$$
$r = 1$ のとき
$$S_n = na$$

解 (1) 初項 3，公比 2 の等比数列の初項から第 8 項までの和 S_8 は

$$S_8 = \frac{3(2^8-1)}{2-1} = \mathbf{765}$$

←$r > 1$ のときは，次の公式を使うと計算間違いが少ない。
$$S_n = \frac{a(r^n-1)}{r-1}$$

(2) 初項 9，公比 $\frac{1}{3}$ の等比数列の初項から第 6 項までの和 S_6 は

$$S_6 = \frac{9\left\{1-\left(\frac{1}{3}\right)^6\right\}}{1-\frac{1}{3}} = \mathbf{\frac{364}{27}}$$

(3) 初項 -1，公比 -3 の等比数列の初項から第 n 項までの和 S_n は

$$S_n = \frac{-1\{1-(-3)^n\}}{1-(-3)} = \mathbf{\frac{-1+(-3)^n}{4}}$$

類題

31 次の等比数列の和を求めよ。

(1) 初項 5，公比 2，初項から第 6 項まで

(2) 初項 2，公比 -3，初項から第 5 項まで

32 次の等比数列の初項から第 n 項までの和 S_n を求めよ。

(1) 3，-6，12，-24，……

(2) 5，$\frac{5}{2}$，$\frac{5}{4}$，$\frac{5}{8}$，……

33 次の等比数列の初項から第 n 項までの和 S_n を求めよ。

(1) 2, 6, 18, 54, ……

(2) 初項 -1, 公比 -1

34 等比数列 $1,\ -\dfrac{1}{2},\ \dfrac{1}{4},\ -\dfrac{1}{8},$ …… について，次の問いに答えよ。

(1) 初項から第 n 項までの和 S_n を求めよ。

(2) (1)を利用して，初項から第 8 項までの和 S_8 を求めよ。

35 初項が 3, 公比が 2 である等比数列の初項から第何項までの和が 381 になるか。

36 初項が 2, 第 4 項が -16 である等比数列の初項から第何項までの和が 342 になるか。ただし，公比は実数とする。

JUMP 5 初項から第 3 項までの和 S_3 が 7, 初項から第 6 項までの和 S_6 が -182 である等比数列の初項 a と公比 r を求めよ。ただし，公比は実数とする。

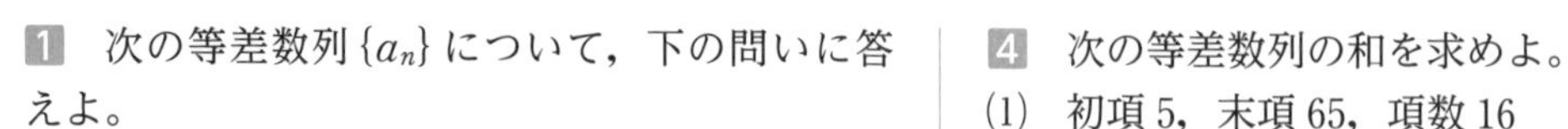

まとめの問題　数列①

1　次の等差数列 $\{a_n\}$ について，下の問いに答えよ。

2，6，10，14，18，……

(1)　初項 a と公差 d を求めよ。

(2)　一般項 a_n を求めよ。

(3)　70 は第何項か。

2　初項が 5，公差が -3 の等差数列 $\{a_n\}$ について，次の問いに答えよ。

(1)　一般項を求めよ。

(2)　第 100 項を求めよ。

3　第 5 項が 5，第 9 項が 17 である等差数列 $\{a_n\}$ の一般項を求めよ。

4　次の等差数列の和を求めよ。

(1)　初項 5，末項 65，項数 16

(2)　初項 1，公差 4，初項から第 n 項まで

5　次の等差数列の和 S を求めよ。

$4,\ -1,\ -6,\ -11,\ -16,\ \cdots\cdots,\ -5n+9$

6　2 桁の自然数のうち，7 で割ると 3 余る数の和 S を求めよ。

7 次の等比数列 $\{a_n\}$ について，下の問いに答えよ。

2，4，8，16，32，……

(1) 初項 a と公比 r を求めよ。

(2) 一般項 a_n を求めよ。

(3) 第 10 項を求めよ。

8 第 3 項が -8，第 6 項が 64 である等比数列 $\{a_n\}$ の一般項を求めよ。また，1024 は第何項か。ただし，公比は実数とする。

9 3 つの数 2，x，32 がこの順に等比数列であるとき，x の値を求めよ。

10 次の等比数列の和を求めよ。

(1) 初項 1，公比 2，初項から第 9 項まで

(2) 初項 3，公比 -1，初項から第 10 項まで

(3) $\frac{1}{9}$，$\frac{1}{3}$，1，3，……の初項から第 n 項まで

11 次の等比数列について，下の問いに答えよ。

$\frac{1}{8}$，$\frac{1}{4}$，$\frac{1}{2}$，1，……

(1) 初項から第 n 項までの和を求めよ。

(2) 初項から第何項までの和が $\frac{255}{8}$ になるか。

6 数列の和と Σ 記号

例題 9　和を表す記号 Σ

次の各問いに答えよ。

(1)　$\sum_{k=1}^{5} 3k^2$ を記号 Σ を用いずに表せ。

(2)　数列の和 $1^2+2^2+3^2+\cdots\cdots+10^2$ を記号 Σ を用いて表せ。

(3)　$\sum_{k=1}^{n}(3k^2-k)$ を求めよ。

解 (1)　$\sum_{k=1}^{5} 3k^2 = \mathbf{3\cdot1^2+3\cdot2^2+3\cdot3^2+3\cdot4^2+3\cdot5^2}$

$(=\mathbf{3+12+27+48+75})$

(2)　$1^2+2^2+3^2+\cdots\cdots+10^2=\sum_{k=1}^{10}\boldsymbol{k^2}$

(3)　
$$\begin{aligned}\sum_{k=1}^{n}(3k^2-k) &= \sum_{k=1}^{n}3k^2-\sum_{k=1}^{n}k = 3\sum_{k=1}^{n}k^2-\sum_{k=1}^{n}k\\ &= 3\times\frac{1}{6}n(n+1)(2n+1)-\frac{1}{2}n(n+1)\\ &= \frac{1}{2}n(n+1)\{(2n+1)-1\}\\ &= \frac{1}{2}n(n+1)(2n) = \boldsymbol{n^2(n+1)}\end{aligned}$$

▶和の記号 Σ

$\sum_{k=1}^{n}a_k = a_1+a_2+\cdots\cdots+a_n$

▶和の公式

$\sum_{k=1}^{n}k=\frac{1}{2}n(n+1)$

$\sum_{k=1}^{n}k^2=\frac{1}{6}n(n+1)(2n+1)$

$\sum_{k=1}^{n}ar^{k-1}=\frac{a(1-r^n)}{1-r}=\frac{a(r^n-1)}{r-1}$

$\sum_{k=1}^{n}c=nc$　(c は定数)

▶Σ の性質

$\sum_{k=1}^{n}(a_k+b_k)=\sum_{k=1}^{n}a_k+\sum_{k=1}^{n}b_k$

$\sum_{k=1}^{n}ca_k=c\sum_{k=1}^{n}a_k$　(c は定数)

類題

37　次の和を，記号 Σ を用いずに表せ。

(1)　$\sum_{k=1}^{3}(2k-1)$

(2)　$\sum_{k=1}^{5}2k^3$

(3)　$\sum_{k=5}^{n}3^k$

38　次の和を，記号 Σ を用いて表せ。

(1)　$3+6+9+12+15+18+21$

(2)　$1^3+2^3+3^3+\cdots\cdots+15^3$

(3)　$2+2^2+2^3+\cdots\cdots+2^{40}$

39 次の和を求めよ。

(1) $\displaystyle\sum_{k=1}^{30} k$

(2) $\displaystyle\sum_{k=1}^{10} k^2$

(3) $\displaystyle\sum_{k=1}^{10} 5\cdot 2^{k-1}$

40 次の和を求めよ。

(1) $\displaystyle\sum_{k=1}^{n} (2k+5)$

(2) $\displaystyle\sum_{k=1}^{n} (3k^2+k)$

(3) $\displaystyle\sum_{k=1}^{n} 3k(k-1)$

41 次の和を求めよ。

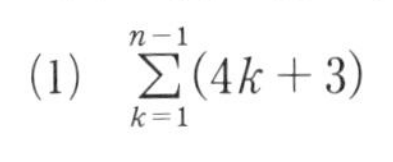

(1) $\displaystyle\sum_{k=1}^{n-1} (4k+3)$

(2) $\displaystyle\sum_{k=1}^{n-1} (k+1)(3k-2)$

42 次の数列の初項から第 n 項までの和 S_n を求めよ。

(1) $1\cdot 2,\ 2\cdot 4,\ 3\cdot 6,\ 4\cdot 8,\ \cdots\cdots$

(2) $2\cdot 3,\ 3\cdot 4,\ 4\cdot 5,\ 5\cdot 6,\ \cdots\cdots$

JUMP 6 $\displaystyle\sum_{k=3}^{n} (3k^2-4k+1)$ を求めよ。

7 階差数列

例題 10 階差数列

数列 $\{a_n\}$：3，5，9，15，23，…… について，次の問いに答えよ。
(1) 数列 $\{a_n\}$ の階差数列 $\{b_n\}$ の初項から第5項までをかけ。
(2) 数列 $\{a_n\}$ の一般項を求めよ。

▶階差数列

$a_1,\ a_2,\ a_3,\ \cdots\cdots,\ a_{n-1},\ a_n$

$b_1,\ b_2,\ \cdots\cdots,\ b_{n-1}$

└階差数列

もとの数列の項数が n のとき，階差数列の項数は　$n-1$

$n \geqq 2$ のとき

$a_n = a_1 + (b_1 + b_2 + \cdots\cdots + b_{n-1})$

$= a_1 + \sum_{k=1}^{n-1} b_k$

解 (1) $\{a_n\}$：3，5，9，15，23，……

$\{b_n\}$：　2，4，6，8，……

階差数列 $\{b_n\}$ は，初項 2，公差 2 の等差数列であるから，初項から第5項までをかくと，次のようになる。

2，4，6，8，10

(2) (1)より，階差数列 $\{b_n\}$ の一般項は

$b_n = 2 + (n-1) \times 2 = 2n$

よって，$n \geqq 2$ のとき

$$a_n = a_1 + \sum_{k=1}^{n-1} b_k = 3 + \sum_{k=1}^{n-1} 2k = 3 + n(n-1) = n^2 - n + 3$$

$\leftarrow \sum_{k=1}^{n-1} 2k = 2\sum_{k=1}^{n-1} k = 2 \times \frac{1}{2}(n-1)\{(n-1)+1\} = n(n-1)$

ここで，$a_n = n^2 - n + 3$ に $n = 1$ を代入すると，

$a_1 = 1^2 - 1 + 3 = 3$

となるから，この式は $n = 1$ のときも成り立つ。

よって，求める一般項は　$\boldsymbol{a_n = n^2 - n + 3}$

類題

43 次の数列 $\{a_n\}$ の階差数列 $\{b_n\}$ の初項から第5項までをかき，$\{b_n\}$ の一般項を求めよ。

3，4，6，9，13，……

44 数列 $\{a_n\}$：10，9，7，4，0，……
について，次の問いに答えよ。
(1) 数列 $\{a_n\}$ の階差数列 $\{b_n\}$ の初項から第5項までをかけ。
(2) 数列 $\{a_n\}$ の一般項を求めよ。

45 数列 $\{a_n\}$: 5, 6, 8, 12, 20, …… と，その階差数列 $\{b_n\}$ について，次の問いに答えよ。

(1) 階差数列 $\{b_n\}$ の初項から第5項までをかけ。

(2) 階差数列 $\{b_n\}$ の一般項を求めよ。

(3) $n \geqq 2$ のとき，階差数列 $\{b_n\}$ の初項から第 $(n-1)$ 項までの和を求めよ。

(4) (3)を用いて，数列 $\{a_n\}$ の一般項を求めよ。

46 数列 1, 2, 7, 16, 29, 46, …… の一般項を求めよ。

47 数列 1, 4, 13, 40, 121, …… の一般項を求めよ。

JUMP 7 数列 1, 2, 0, 4, -4, 12, -20, …… の初項から第 n 項までの和を求めよ。

8 数列の和と一般項

例題 11 数列の和と一般項

数列 $\{a_n\}$ の初項から第 n 項までの和 S_n が

$$S_n = n^2 - 2n$$

で与えられている。

(1) S_1 から S_3 までをかき出し，a_1 から a_3 までを求めよ。

(2) 数列 $\{a_n\}$ の一般項を求めよ。

▶数列の和 S_n が与えられているとき

数列 $\{a_n\}$ の初項から第 n 項までの和を S_n とすると

$n=1$ のとき　$a_1 = S_1$

$n \geqq 2$ のとき　$a_n = S_n - S_{n-1}$

$n \geqq 2$ のとき

$$\begin{array}{rl} S_n & = a_1 + a_2 + \cdots + a_{n-1} + a_n \\ -)\ S_{n-1} & = a_1 + a_2 + \cdots + a_{n-1} \\ \hline S_n - S_{n-1} & = \qquad\qquad\qquad\quad a_n \end{array}$$

 (1) $\boldsymbol{S_1 = 1^2 - 2 \times 1 = -1}$

$\boldsymbol{S_2 = 2^2 - 2 \times 2 = 0}$

$\boldsymbol{S_3 = 3^2 - 2 \times 3 = 3}$

よって

$\boldsymbol{a_1} = S_1 = \boldsymbol{-1}$

$\boldsymbol{a_2} = S_2 - S_1 = 0 - (-1) = \boldsymbol{1}$

$\boldsymbol{a_3} = S_3 - S_2 = 3 - 0 = \boldsymbol{3}$

(2) (1)より　$a_1 = -1$

$n \geqq 2$ のとき

$$\begin{aligned} a_n &= S_n - S_{n-1} \\ &= (n^2 - 2n) - \{(n-1)^2 - 2(n-1)\} \\ &= 2n - 3 \end{aligned}$$

ここで，$a_n = 2n-3$ に $n=1$ を代入すると，

$a_1 = -1$ となるから，この式は $n=1$ のときも成り立つ。

よって，求める一般項は

$\boldsymbol{a_n = 2n - 3}$

類題

48 数列 $\{a_n\}$ の初項から第 n 項までの和 S_n が $S_n = n^2$ で与えられている。

(1) S_1 から S_4 までをかき出し，a_1 から a_4 までを求めよ。

(2) 数列 $\{a_n\}$ の一般項を求めよ。

49 初項から第 n 項までの和 S_n が次の式で与えられる数列 $\{a_n\}$ の一般項を求めよ。

(1) $S_n = n^2 + 2n$

(2) $S_n = 2n^2 - 4n$

50 初項から第 n 項までの和 S_n が次の式で与えられる数列 $\{a_n\}$ の一般項を求めよ。

$S_n = -n^2 + 3n$

51 初項から第 n 項までの和 S_n が次の式で与えられる数列 $\{a_n\}$ の一般項を求めよ。

$S_n = n^2 - 3n + 1$

JUMP 8 初項から第 n 項までの和 S_n が $S_n = 2n^2 - 3n$ で与えられる数列 $\{a_n\}$ について，$\sum_{k=5}^{10} a_k$ を求めよ。

9 いろいろな数列の和

例題 12 いろいろな数列の和

次の和 S_n を求めよ。

(1) $S_n=\dfrac{1}{2\cdot3}+\dfrac{1}{3\cdot4}+\dfrac{1}{4\cdot5}+\cdots\cdots+\dfrac{1}{(n+1)(n+2)}$

(2) $S_n=1\cdot2+2\cdot2^2+3\cdot2^3+4\cdot2^4+\cdots\cdots+n\cdot2^n$

解 (1) この数列の第 k 項は $\dfrac{1}{(k+1)(k+2)}$ であり

$\dfrac{1}{(k+1)(k+2)}=\dfrac{1}{k+1}-\dfrac{1}{k+2}$ と変形できるから

$$S_n=\frac{1}{2\cdot3}+\frac{1}{3\cdot4}+\frac{1}{4\cdot5}+\cdots\cdots+\frac{1}{(n+1)(n+2)}$$
$$=\left(\frac{1}{2}-\frac{1}{3}\right)+\left(\frac{1}{3}-\frac{1}{4}\right)+\left(\frac{1}{4}-\frac{1}{5}\right)+\cdots\cdots+\left(\frac{1}{n+1}-\frac{1}{n+2}\right)$$
$$=\frac{1}{2}-\frac{1}{n+2}=\boldsymbol{\frac{n}{2(n+2)}}$$

▶部分分数に分ける

$$\frac{1}{(k+1)(k+2)}$$ ←通分の逆を考える
$$=\frac{(k+2)-(k+1)}{(k+1)(k+2)}$$
$$=\frac{k+2}{(k+1)(k+2)}-\frac{k+1}{(k+1)(k+2)}$$
$$=\frac{1}{k+1}-\frac{1}{k+2}$$

(2) $S_n=1\cdot2+2\cdot2^2+3\cdot2^3+4\cdot2^4+\cdots\cdots+n\cdot2^n$ ……①

①の両辺に 2 をかけると

$2S_n=1\cdot2^2+2\cdot2^3+3\cdot2^4+\cdots\cdots+(n-1)\cdot2^n+n\cdot2^{n+1}$ ……②

①－②より

$$\begin{array}{rl} S_n= & 1\cdot2+2\cdot2^2+3\cdot2^3+4\cdot2^4+\cdots\cdots+n\cdot2^n \\ -)\ 2S_n= & \qquad\quad 1\cdot2^2+2\cdot2^3+3\cdot2^4+\cdots\cdots+(n-1)\cdot2^n+n\cdot2^{n+1} \\ \hline -S_n= & 1\cdot2+1\cdot2^2+1\cdot2^3+1\cdot2^4+\cdots\cdots+1\cdot2^n-n\cdot2^{n+1} \end{array}$$
$$=2+2^2+2^3+2^4+\cdots\cdots+2^n-n\cdot2^{n+1}$$
$$=\frac{2(2^n-1)}{2-1}-n\cdot2^{n+1}$$
↑初項 2，公比 2，項数 n の等比数列の和
$$=2^{n+1}-2-n\cdot2^{n+1}$$

よって　$\boldsymbol{S_n=(n-1)2^{n+1}+2}$

←各項の左側を取り出すと
1，2，3，4，…，n（等差）
各項の右側を取り出すと
2，2^2，2^3，2^4，…，2^n（等比）

←(等差)×(等比) の形の数列の和は，等比数列の公比 r を用いて S_n-rS_n を考えるとよい。

類題

52 次の和 S_n を求めよ。

$$S_n=\frac{1}{3\cdot4}+\frac{1}{4\cdot5}+\frac{1}{5\cdot6}+\frac{1}{6\cdot7}+\cdots\cdots+\frac{1}{(n+2)(n+3)}$$

53 次の問いに答えよ。

(1) $\dfrac{1}{(2k+1)(2k+3)}=\dfrac{1}{2}\left(\dfrac{1}{2k+1}-\dfrac{1}{2k+3}\right)$

であることを用いて，次の和 S_n を求めよ。

$$S_n=\frac{1}{3\cdot 5}+\frac{1}{5\cdot 7}+\frac{1}{7\cdot 9}+\cdots\cdots+\frac{1}{(2n+1)(2n+3)}$$

(2) $\dfrac{1}{k(k+2)}=\dfrac{1}{2}\left(\dfrac{1}{k}-\dfrac{1}{k+2}\right)$ であることを用いて，次の和 S_n を求めよ。

$$S_n=\frac{1}{1\cdot 3}+\frac{1}{2\cdot 4}+\frac{1}{3\cdot 5}+\cdots\cdots+\frac{1}{n(n+2)}$$

54 次の和 S_n を求めよ。

(1) $S_n=1\cdot 3+2\cdot 3^2+3\cdot 3^3+4\cdot 3^4+\cdots\cdots+n\cdot 3^n$

(2) $S_n=1\cdot 1+3\cdot 2+5\cdot 4+\cdots\cdots+(2n-1)\cdot 2^{n-1}$

JUMP 9 $\dfrac{1}{(k+1)(k+2)(k+3)}=\dfrac{1}{2}\left\{\dfrac{1}{(k+1)(k+2)}-\dfrac{1}{(k+2)(k+3)}\right\}$ であることを用いて，次の和 S_n を求めよ。

$$S_n=\frac{1}{2\cdot 3\cdot 4}+\frac{1}{3\cdot 4\cdot 5}+\frac{1}{4\cdot 5\cdot 6}+\cdots\cdots+\frac{1}{(n+1)(n+2)(n+3)}$$

10 漸化式

例題 13 漸化式

次の式で定められる数列 $\{a_n\}$ の一般項を求めよ。

(1) $a_1 = 2$, $a_{n+1} = a_n + 4n \quad (n = 1, 2, 3, \cdots\cdots)$

(2) $a_1 = 3$, $a_{n+1} = 2a_n - 1 \quad (n = 1, 2, 3, \cdots\cdots)$

解 (1) $a_{n+1} - a_n = 4n \quad (n = 1, 2, 3, \cdots\cdots)$

であるから，数列 $\{a_n\}$ の階差数列を $\{b_n\}$ とすると

$b_n = 4n$

よって，$n \geqq 2$ のとき

$$a_n = a_1 + \sum_{k=1}^{n-1} 4k = 2 + 4 \times \frac{1}{2}n(n-1)$$
$$= 2n^2 - 2n + 2$$

ここで，$a_n = 2n^2 - 2n + 2$ に $n = 1$ を代入すると

$a_1 = 2 \times 1^2 - 2 \times 1 + 2 = 2$

となるから，この式は $n = 1$ のときも成り立つ。

ゆえに，求める一般項は $\boldsymbol{a_n = 2n^2 - 2n + 2}$

(2) 与えられた漸化式は

$a_{n+1} - 1 = 2(a_n - 1)$ ←$\alpha = 2\alpha - 1$ を解くと $\alpha = 1$

と変形できるから，$b_n = a_n - 1$ とおくと

$b_{n+1} = 2b_n$, $b_1 = a_1 - 1 = 2$

すなわち，数列 $\{b_n\}$ は，初項 2，公比 2 の等比数列であるから

$b_n = 2 \times 2^{n-1} = 2^n$

よって，求める一般項は $a_n = b_n + 1$ より $\boldsymbol{a_n = 2^n + 1}$

▶漸化式

隣りあう 2 項 a_n と a_{n+1} の関係式を数列 $\{a_n\}$ の漸化式という。

$a_{n+1} = a_n + d$
→ 公差 d の等差数列の漸化式

$a_{n+1} = ra_n$
→ 公比 r の等比数列の漸化式

$a_{n+1} = a_n + f(n)$
→ $\{a_n\}$ の階差数列 $\{b_n\}$ が
$b_n = f(n)$

$a_{n+1} = pa_n + q$
→ $a_{n+1} - \alpha = p(a_n - \alpha)$
と変形すると，$\{a_n - \alpha\}$ は等比数列

〈α の求め方〉

$a_{n+1} - \alpha = p(a_n - \alpha)$

と変形できたとすると

$a_{n+1} = pa_n - p\alpha + \alpha$

これがもとの漸化式

$a_{n+1} = pa_n + q$

と一致するから

$-p\alpha + \alpha = q$

よって $\alpha = p\alpha + q$

であるから，もとの漸化式 $a_{n+1} = pa_n + q$ の a_{n+1} と a_n を α にかえた方程式を解けばよい。

類題

55 次の式で定められる数列 $\{a_n\}$ の一般項を求めよ。

$a_1 = 1$, $a_{n+1} = a_n + 3n \quad (n = 1, 2, 3, \cdots\cdots)$

56 次の式で定められる数列 $\{a_n\}$ の一般項を求めよ。

$a_1 = 3$, $a_{n+1} = 3a_n - 2 \quad (n = 1, 2, 3, \cdots\cdots)$

▶第1章◀ 数列

1 数列と一般項(p.2)

1 (1) 1, 5, 9, **13**, 17, **21**, ……
(2) 3, **6**, 12, 24, **48**, 96, ……
(3) −2, 6, **−18**, 54, −162, ……
(4) 1, 4, **9**, 16, **25**, 36, ……
(5) 10, **7**, 4, 1, −2, **−5**, ……
(6) $\frac{1}{3}$, $\frac{1}{5}$, $\boxed{\frac{1}{7}}$, $\frac{1}{9}$, $\frac{1}{11}$, ……
(7) $\frac{2}{3}$, $\boxed{\frac{3}{4}}$, $\frac{4}{5}$, $\frac{5}{6}$, $\frac{6}{7}$, ……

⬅4を加えていく。
⬅2を掛けていく。
⬅−3を掛けていく。
⬅自然数の2乗
⬅3を引いていく。
⬅分子はつねに1。分母に2を加えていく。
⬅分子，分母にそれぞれ1を加えていく。

2 (1) 3×1, 3×2, 3×3, 3×4, 3×5, …… であるから
$\boldsymbol{a_n=3n}$
(2) 1+3, 2+3, 3+3, 4+3, 5+3, …… であるから
$\boldsymbol{a_n=n+3}$
(3) $\frac{1}{2\times1}$, $\frac{1}{2\times2}$, $\frac{1}{2\times3}$, $\frac{1}{2\times4}$, $\frac{1}{2\times5}$, …… であるから
$\boldsymbol{a_n=\frac{1}{2n}}$

⬅数列の第 n 項を一般項という。

3 (1) **5, 7, 9, 11, 13**
(2) **−2, −5, −8, −11, −14**

⬅n に1, 2, 3, 4, 5を代入する。

4 (1) 4×1, 4×2, 4×3, 4×4, 4×5, …… であるから
$\boldsymbol{a_n=4n}$
(2) 分子はつねに1で，分母が
1^2, 2^2, 3^2, 4^2, 5^2, ……
であるから
$\boldsymbol{a_n=\frac{1}{n^2}}$
(3) 1^3, 2^3, 3^3, 4^3, 5^3, …… であるから
$\boldsymbol{a_n=n^3}$

5 (1) **1, 3, 7, 15, 31**
(2) **−2, −2, 0, 4, 10**
(3) $\boldsymbol{\frac{1}{5}}$, $\boldsymbol{\frac{1}{4}}$, $\boldsymbol{\frac{3}{11}}$, $\boldsymbol{\frac{2}{7}}$, $\boldsymbol{\frac{5}{17}}$

⬅n に1, 2, 3, 4, 5を代入する。

6 (1) $(-2)^1$, $(-2)^2$, $(-2)^3$, $(-2)^4$, $(-2)^5$, …… であるから
$\boldsymbol{a_n=(-2)^n}$
(2) 分子はつねに1で，分母が
2×1+1, 2×2+1, 2×3+1, 2×4+1, 2×5+1, ……
であるから
$\boldsymbol{a_n=\frac{1}{2n+1}}$

JUMP 1

分子を2に揃えると

$\frac{2}{3}, \frac{2}{6}, \frac{2}{9}, \frac{2}{12}, \frac{2}{15}, \frac{2}{18}, \cdots\cdots$

この数列の分母が

$3\times1, 3\times2, 3\times3, 3\times4, \cdots\cdots$

であるから

$\boldsymbol{a_n=\frac{2}{3n}}$

考え方　分子を2に統一する。

←分母は $3n$

2 等差数列 (p.4)

7　**1，4，7，10，13**

8　(1)　$\boldsymbol{a=3}$，$\boldsymbol{d}=7-3=\boldsymbol{4}$

(2)　$\boldsymbol{a=5}$，$\boldsymbol{d}=2-5=\boldsymbol{-3}$

等差数列
ある数 a に次々と一定の数 d を加えて得られる数列を等差数列といい，a を初項，d を公差という。

a_1，a_2，a_3，…
$+d$　$+d$

9　(1)　$\boldsymbol{a=1}$，$\boldsymbol{d}=6-1=\boldsymbol{5}$

(2)　$\boldsymbol{a_n}=1+(n-1)\times5=\boldsymbol{5n-4}$

(3)　第 n 項が96のとき，$5n-4=96$　より　$n=20$

よって，**第20項**である。

10　(1)　$\boldsymbol{a_n}=2+(n-1)\times7=\boldsymbol{7n-5}$

(2)　$a_{11}=7\times11-5=\boldsymbol{72}$

(3)　第 n 項が100のとき，$7n-5=100$　より　$n=15$

よって，**第15項**である。

←初項 a，公差 d の等差数列の一般項は
$a_n=a+(n-1)d$

11　初項を a とすると，第5項が16であるから

$a_5=a+4\times3=16$　より　$a=4$

よって，求める一般項は　$a_n=4+(n-1)\times3$

すなわち　$\boldsymbol{a_n=3n+1}$

←$a_n=a+(n-1)d$

12　公差を d とすると，第8項が51であるから

$a_8=9+7d=51$　より　$d=\boldsymbol{6}$

13　初項を a，公差を d とすると

第2項が -1 であるから　$a_2=a+d=-1$ ……①

第5項が8であるから　$a_5=a+4d=8$ ……②

②−①より　$3d=9$　すなわち　$d=3$

これを①に代入すると　$a+3=-1$　すなわち　$a=-4$

よって，求める一般項は　$a_n=-4+(n-1)\times3$

すなわち　$\boldsymbol{a_n=3n-7}$

←$a_n=a+(n-1)d$

14　初項を a，公差を d とすると

第5項が17であるから　$a_5=a+4d=17$ ……①

項数が10，末項が37であるから　$a_{10}=a+9d=37$ ……②

②−①より　$5d=20$　すなわち　$d=4$

これを①に代入すると　$a+16=17$　すなわち　$a=1$

よって，求める一般項は　$a_n=1+(n-1)\times4$

すなわち　$\boldsymbol{a_n=4n-3}$

←末項は第10項

←$a_n=a+(n-1)d$

15 一般項は　$a_n=37+(n-1)\times(-4)=-4n+41$
第 n 項が初めて負になるとすると
$-4n+41<0$　より　$n>\frac{41}{4}=10.25$
よって，初めて負になるのは**第 11 項**である。

←第 10 項は 1，第 11 項は -3

16 3 つの数 4，x，20 がこの順に等差数列であるとき
$2x=4+20$
よって　$\boldsymbol{x=12}$

←3 つの数 a，b，c がこの順に等差数列であるとき
$2b=a+c$
が成り立ち，この b を等差中項という。

JUMP 2

a，b，c が等差数列をなすから　$2b=a+c$ ……①
3 つの数の和が -3 であるから　$a+b+c=-3$ ……②
3 つの数の 2 乗の和が 11 であるから　$a^2+b^2+c^2=11$ ……③
①より　$a+c=2b$
これを②へ代入すると　$3b=-3$
すなわち　$b=-1$ ……④
これを①へ代入すると　$a+c=-2$
すなわち　$c=-a-2$ ……⑤
④，⑤を③へ代入すると　$a^2+(-1)^2+(-a-2)^2=11$
すなわち　$a^2+2a-3=0$
よって　$a=-3,\ 1$
$a=-3$ のとき，⑤より　$c=3-2=1$
$a=1$ のとき，⑤より　$c=-1-2=-3$
ゆえに，求める 3 つの数 a，b，c は
$\boldsymbol{(a,\ b,\ c)=(-3,\ -1,\ 1),\ (1,\ -1,\ -3)}$

考え方・3 数が等差数列
・3 数の和が -3
・3 数の 2 乗の和が 11
という 3 つの条件から，3 つの式を立てる。

←②の左辺は
$a+b+c$
$=(a+c)+b$
$=2b+b$
$=3b$

3 等差数列の和 (p.6)

17 (1) 初項 10，末項 80，項数 8 の等差数列の和 S_8 は
$S_8=\frac{1}{2}\times8\times(10+80)=\mathbf{360}$
(2) 初項 2，公差 6 の等差数列の初項から第 20 項までの和 S_{20} は
$S_{20}=\frac{1}{2}\times20\times\{2\times2+(20-1)\times6\}=\mathbf{1180}$

等差数列の和
初項 a，公差 d，項数 n，末項 l の等差数列の和 S_n は
$S_n=\frac{1}{2}n(a+l)$
$=\frac{1}{2}n\{2a+(n-1)d\}$

18 与えられた等差数列の初項は 1，公差は 3 である。
82 を第 n 項とすると
$1+(n-1)\times3=82$
よって　$n=28$
ゆえに，求める和 S は
$S=\frac{1}{2}\times28\times(1+82)=\mathbf{1162}$

←一般項の形を作って，項数を求める。

←$S_n=\frac{1}{2}n(a+l)$

19 (1) 初項 12，末項 -88，項数 21 の等差数列の和 S_{21} は
$S_{21}=\frac{1}{2}\times21\times(12-88)=\mathbf{-798}$

←$S_n=\frac{1}{2}n(a+l)$

(2) 初項 1，公差 -4 の等差数列の初項から第 18 項までの和 S_{18} は
$S_{18}=\frac{1}{2}\times18\times\{2\times1+(18-1)\times(-4)\}=\mathbf{-594}$

←$S_n=\frac{1}{2}n\{2a+(n-1)d\}$

20 (1) 与えられた等差数列の初項は -8，公差は 5 である。
47 を第 n 項とすると
$-8+(n-1)\times 5=47$ より $n=12$
よって，求める和 S は
$S=\frac{1}{2}\times 12\times(-8+47)=\mathbf{234}$

⬅一般項の形を作って，項数を求める。

⬅$S_n=\frac{1}{2}n(a+l)$

(2) 与えられた等差数列の初項は 23，公差は -4 である。
-5 を第 n 項とすると
$23+(n-1)\times(-4)=-5$ より $n=8$
よって，求める和 S は
$S=\frac{1}{2}\times 8\times(23-5)=\mathbf{72}$

⬅一般項の形を作って，項数を求める。

⬅$S_n=\frac{1}{2}n(a+l)$

21 (1) 与えられた等差数列の初項は 1，公差も 1 である。
よって，項数は 70 であるから，求める和 S は
$S=\frac{1}{2}\times 70\times(1+70)=\mathbf{2485}$

別解 与えられた和は，1 から 70 までの自然数の和であるから
$S=\frac{1}{2}\times 70\times(70+1)=\mathbf{2485}$

⬅1 から n までの自然数の和は
$1+2+\cdots\cdots+n$
$=\frac{1}{2}n(n+1)$

(2) 与えられた等差数列の初項は 1，公差は 2 である。
79 を第 n 項とすると
$1+(n-1)\times 2=79$ より $n=40$
よって，求める和 S は
$S=\frac{1}{2}\times 40\times(1+79)=\mathbf{1600}$

⬅一般項の形を作って，項数を求める。

別解 与えられた和は，1 から 79 までの奇数の和であるから
$2n-1=79$ より $n=40$
よって，求める和 S は $S=40^2=\mathbf{1600}$

⬅1 からはじまる n 個の奇数の和は
$1+3+5+\cdots\cdots$
$+(2n-1)=n^2$

22 5 で割ると 3 余る 2 桁の自然数のはじめの方をかくと
13，18，23，……
であるから，初項 13，公差 5 の等差数列になる。
第 n 項を a_n とすると $a_n=13+(n-1)\times 5=5n+8$
この a_n が 5 で割ると 3 余る最大の 2 桁の自然数になるとき
$5n+8\leqq 99$ より $n\leqq\frac{91}{5}=18.2$
よって $n=18$
ゆえに，求める和 S は
$S=\frac{1}{2}\times 18\times\{2\times 13+(18-1)\times 5\}=\mathbf{999}$

⬅$n=19$ のときは 3 桁
$5\times 19+8=103$

JUMP 3

$S_n=\frac{1}{2}\times n\times\{2\times 4+(n-1)\times 3\}=50$ より
$3n^2+5n-100=0$
よって $(3n+20)(n-5)=0$
$n>0$ より $\boldsymbol{n=5}$

考え方 等差数列の和の公式
$S_n=\frac{1}{2}n\{2a+(n-1)d\}$
を利用する。

⬅n は自然数

4 等比数列 (p.8)

23 **5，10，20，40，80**

24 (1) $\boldsymbol{a=7,\ r=\frac{14}{7}=2}$

(2) $\boldsymbol{a_n=7\times2^{n-1}}$

(3) $a_7=7\times2^{7-1}=\boldsymbol{448}$

25 (1) $\boldsymbol{a_n}=3\times3^{n-1}=\boldsymbol{3^n}$, $\boldsymbol{a_5}=3^5=\boldsymbol{243}$

(2) $\boldsymbol{a_n=13\times\left(-\frac{1}{2}\right)^{n-1}}$

$\boldsymbol{a_5}=13\times\left(-\frac{1}{2}\right)^{5-1}=\boldsymbol{\frac{13}{16}}$

等比数列
ある数 a に次々と一定の数 r を掛けて得られる数列を等比数列といい，a を初項，r を公比という。

a_1, a_2, a_3, ……
$\times r$ $\times r$

$a_1\neq0$, $r\neq0$ のとき

$\frac{a_{n+1}}{a_n}=r$

26 公比を r とすると，第 4 項が 81 であるから

$3\times r^3=81$ より $r^3=27$

r は実数であるから $\boldsymbol{r=3}$

⬅初項 a，公比 r の等比数列の一般項は
$a_n=ar^{n-1}$

27 初項を a とすると，第 5 項が 324 であるから

$a_5=a\times3^4=324$ より $\boldsymbol{a=4}$

28 初項を a，公比を r とすると

第 2 項が -6 であるから $a_2=ar=-6$ ……①

第 5 項が 48 であるから $a_5=ar^4=48$ ……②

②より $ar\times r^3=48$

①を代入すると $-6\times r^3=48$

よって $r^3=-8$

r は実数であるから $\boldsymbol{r=-2}$

このとき $\boldsymbol{a=3}$

⬅初項 a，公比 r の等比数列の一般項は
$a_n=ar^{n-1}$

29 初項を a，公比を r とすると

第 4 項が 40 であるから $a_4=ar^3=40$ ……①

第 6 項が 160 であるから $a_6=ar^5=160$ ……②

②より $ar^3\times r^2=160$

①を代入すると $40\times r^2=160$

よって $r^2=4$ すなわち $r=\pm2$

$r=2$ のとき $a=5$，$r=-2$ のとき $a=-5$

よって，求める一般項は $\boldsymbol{a_n=5\times2^{n-1}}$ **または** $\boldsymbol{a_n=-5\times(-2)^{n-1}}$

30 6，x，9 がこの順に等比数列であるとき

$x^2=6\times9=54$

よって $x=\pm\sqrt{54}=\boldsymbol{\pm3\sqrt{6}}$

⬅0 でない 3 つの数 a，b，c がこの順に等比数列のとき $b^2=ac$ が成り立ち，この b を等比中項という。

JUMP 4

考え方 等差中項，等比中項の性質を利用する。

5，x，y がこの順に等比数列であるとき $x^2=5y$ ……①

x，5，y がこの順に等差数列であるとき $10=x+y$ ……②

②より $y=10-x$

①に代入して $x^2=5(10-x)$

$x^2+5x-50=0$

$(x+10)(x-5)=0$

よって $x=-10$, 5

②より，$x=-10$ のとき $y=20$，$x=5$ のとき $y=5$

$x<y$ より $\boldsymbol{x=-10,\ y=20}$

⬅5，-10，20 …等比数列
$\times(-2)$ $\times(-2)$

-10，5，20 …等差数列
$+15$ $+15$

5 等比数列の和(p.10)

31 (1) 初項5，公比2の等比数列の初項から第6項までの和 S_6 は

$$S_6=\frac{5(2^6-1)}{2-1}=\mathbf{315}$$

(2) 初項2，公比 -3 の等比数列の初項から第5項までの和 S_5 は

$$S_5=\frac{2\{1-(-3)^5\}}{1-(-3)}=\mathbf{122}$$

32 (1) 初項3，公比 -2 の等比数列の和であるから

$$S_n=\frac{3\{1-(-2)^n\}}{1-(-2)}=\mathbf{1-(-2)^n}$$

(2) 初項5，公比 $\frac{1}{2}$ の等比数列の和であるから

$$S_n=\frac{5\left\{1-\left(\frac{1}{2}\right)^n\right\}}{1-\frac{1}{2}}=\mathbf{10\left\{1-\left(\frac{1}{2}\right)^n\right\}}$$

33 (1) 初項2，公比3の等比数列の和であるから

$$S_n=\frac{2(3^n-1)}{3-1}=\mathbf{3^n-1}$$

(2) 初項 -1，公比 -1 の等比数列の和であるから

$$S_n=\frac{-1\{1-(-1)^n\}}{1-(-1)}=\mathbf{-\frac{1}{2}\{1-(-1)^n\}}$$

34 (1) 初項1，公比 $-\frac{1}{2}$ の等比数列の初項から第 n 項までの和 S_n は

$$S_n=\frac{1\left\{1-\left(-\frac{1}{2}\right)^n\right\}}{1-\left(-\frac{1}{2}\right)}=\mathbf{\frac{2}{3}\left\{1-\left(-\frac{1}{2}\right)^n\right\}}$$

(2) (1)より，$n=8$ を代入して

$$S_8=\frac{2}{3}\left\{1-\left(-\frac{1}{2}\right)^8\right\}=\mathbf{\frac{85}{128}}$$

35 初項から第 n 項までの和 S_n は

$$S_n=\frac{3(2^n-1)}{2-1}=3(2^n-1)$$

これが381に等しいから

$3(2^n-1)=381$　より　$2^n=128$

よって　$n=7$　　すなわち，**第7項**

36 公比を r とすると，第4項が -16 であるから

$2\times r^3=-16$　より　$r^3=-8$

r は実数であるから　$r=-2$

よって，初項から第 n 項までの和 S_n は

$$S_n=\frac{2\{1-(-2)^n\}}{1-(-2)}=\frac{2}{3}\{1-(-2)^n\}$$

これが342に等しいから

$\frac{2}{3}\{1-(-2)^n\}=342$　より　$(-2)^n=-512$

ゆえに　$n=9$　　すなわち，**第9項**

等比数列の和
初項 a，公比 r の等比数列の初項から第 n 項までの和 S_n は
$r\neq1$ のとき
$$S_n=\frac{a(1-r^n)}{1-r}=\frac{a(r^n-1)}{r-1}$$
$r=1$ のとき
$S_n=na$

⇐ $S_n=\frac{a(1-r^n)}{1-r}$ (32(2))

⇐ $S_n=\frac{a(1-r^n)}{1-r}$ (32(2))

⇐ $S_n=\frac{a(r^n-1)}{r-1}$ (33(1))

⇐ $S_n=\frac{a(1-r^n)}{1-r}$ (33(2))

⇐ $S_n=\frac{a(1-r^n)}{1-r}$ (34(1))

⇐ $S_n=\frac{a(r^n-1)}{r-1}$ (35)

⇐ $128=2^7$

⇐ $S_n=\frac{a(1-r^n)}{1-r}$ (36)

⇐ $-512=(-2)^9$

JUMP 5

$r \neq 1$ であるから

$S_3=\dfrac{a(1-r^3)}{1-r}=7$ ……①

$S_6=\dfrac{a(1-r^6)}{1-r}=-182$ ……②

②より $\dfrac{a(1+r^3)(1-r^3)}{1-r}=-182$

この式に①を代入して

$7(1+r^3)=-182$ より $1+r^3=-26$

よって $r^3=-27$

r は実数であるから $r=-3$

①に代入すると $a=1$

よって $\boldsymbol{a=1,\ r=-3}$

考え方 $S_3>0$，$S_6<0$ より，r は1でないことがわかる。

⬅ $1-r^6=(1+r^3)(1-r^3)$

⬅左辺は
$\dfrac{a(1+r^3)(1-r^3)}{1-r}$
$=\dfrac{a(1-r^3)}{1-r}\times(1+r^3)$
$=7(1+r^3)$

まとめの問題　数列①(p.12)

1 (1) $\boldsymbol{a=2,\ d}=6-2=\boldsymbol{4}$

(2) $\boldsymbol{a_n}=2+(n-1)\times4=\boldsymbol{4n-2}$

⬅ $a_n=a+(n-1)d$

(3) 第 n 項が70のとき

$4n-2=70$ より $n=18$

よって，**第18項**

2 (1) $\boldsymbol{a_n}=5+(n-1)\times(-3)=\boldsymbol{-3n+8}$

⬅ $a_n=a+(n-1)d$

(2) $a_{100}=-3\times100+8=\boldsymbol{-292}$

3 初項を a，公差を d とすると

第5項が5であるから $a_5=a+4d=5$ ……①

⬅ $a_n=a+(n-1)d$

第9項が17であるから $a_9=a+8d=17$ ……②

②－①より $4d=12$ すなわち $d=3$

これを①に代入すると $a+12=5$ すなわち $a=-7$

よって，求める一般項 a_n は

$a_n=-7+(n-1)\times3$

すなわち $\boldsymbol{a_n=3n-10}$

⬅ $a_n=a+(n-1)d$

4 (1) 初項5，末項65，項数16の等差数列の和 S_{16} は

$S_{16}=\dfrac{1}{2}\times16\times(5+65)=\boldsymbol{560}$

⬅初項 a，末項 l，項数 n のとき，和 S_n は
$S_n=\dfrac{1}{2}n(a+l)$

(2) 初項1，公差4の等差数列の初項から第 n 項までの和 S_n は

$S_n=\dfrac{1}{2}n\{2\times1+(n-1)\times4\}$

$=\dfrac{1}{2}n(4n-2)=\boldsymbol{n(2n-1)}$

⬅初項 a，公差 d，項数 n のとき，和 S_n は
$S_n=\dfrac{1}{2}n\{2a+(n-1)d\}$

5 与えられた等差数列の初項は4，公差は -5，項数は n であるから，その和 S は

$S=\dfrac{1}{2}\times n\times\{2\times4+(n-1)\times(-5)\}$

$=\boldsymbol{\dfrac{1}{2}n(-5n+13)}$

⬅初項 a，公差 d，項数 n のとき，和 S_n は
$S_n=\dfrac{1}{2}n\{2a+(n-1)d\}$

別解　与えられた等差数列の初項は4，末項は $-5n+9$，項数は n であるから，その和 S は

$$S=\frac{1}{2}\times n\times\{4+(-5n+9)\}$$
$$=\boldsymbol{\frac{1}{2}n(-5n+13)}$$

⬅初項 a，末項 l，項数 n のとき，和 S_n は $S_n=\frac{1}{2}n(a+l)$

6　7で割ると3余る2桁の自然数のはじめの方をかくと

10，17，24，31，……

であるから，初項10，公差7の等差数列になる。

第 n 項を a_n とすると

$a_n=10+(n-1)\times7=7n+3$

⬅$a_n=a+(n-1)d$

この a_n が7で割ると3余る最大の2桁の自然数になるとき

$7n+3\leqq99$　より　$n\leqq\frac{96}{7}=13.7\cdots\cdots$

⬅2桁の自然数は99以下。

よって　$n=13$

⬅$n=14$ のときは $7\times14+3=101$

ゆえに，求める和は

$S=\frac{1}{2}\times13\times\{2\times10+(13-1)\times7\}=\mathbf{676}$

⬅初項 a，公差 d，項数 n のとき，和 S_n は $S_n=\frac{1}{2}n\{2a+(n-1)d\}$

7　(1)　$\boldsymbol{a=2}$，$\boldsymbol{r=\frac{4}{2}=2}$

(2)　$\boldsymbol{a_n}=2\times2^{n-1}=\boldsymbol{2^n}$

⬅$a_n=a\cdot r^{n-1}$

(3)　$a_{10}=2^{10}=\mathbf{1024}$

8　初項を a，公比を r とすると

第3項が -8 であるから　$a_3=ar^2=-8$ ……①

第6項が64であるから　$a_6=ar^5=64$　……②

②より　$ar^2\times r^3=64$

①を代入すると　$-8\times r^3=64$　　よって　$r^3=-8$

r は実数であるから　$r=-2$

これを①に代入して　$4a=-8$　より　$a=-2$

ゆえに，求める一般項は　$\boldsymbol{a_n}=-2\times(-2)^{n-1}=\boldsymbol{(-2)^n}$

次に，第 n 項 a_n が1024とすると

$(-2)^n=1024$　より　$n=10$

⬅$1024=(-2)^{10}$

すなわち，**第10項**

9　2，x，32がこの順に等比数列であるとき

$x^2=2\times32=64$

よって　$\boldsymbol{x=\pm8}$

⬅0でない3つの数 a，b，c がこの順に等比数列のとき $b^2=ac$ が成り立つ。

10　(1)　初項1，公比2の等比数列の初項から第9項までの和 S_9 は

$$S_9=\frac{1(2^9-1)}{2-1}=\mathbf{511}$$

⬅$S_n=\frac{a(r^n-1)}{r-1}$

(2)　初項3，公比 -1 の等比数列の初項から第10項までの和 S_{10} は

$$S_{10}=\frac{3\{1-(-1)^{10}\}}{1-(-1)}=\mathbf{0}$$

⬅$S_n=\frac{a(1-r^n)}{1-r}$

別解　$S_{10}=3-3+3-3+3-3+3-3+3-3=\mathbf{0}$

(3)　求める等比数列の和を S_n とすると

$$S_n=\frac{\frac{1}{9}(3^n-1)}{3-1}=\frac{1}{2}\times\frac{1}{9}\times(3^n-1)=\boldsymbol{\frac{1}{18}(3^n-1)}$$

⬅$S_n=\frac{a(r^n-1)}{r-1}$

11 (1) 初項 $\frac{1}{8}$，公比 2 の等比数列の和であるから

$$S_n=\frac{\frac{1}{8}(2^n-1)}{2-1}=\boldsymbol{\frac{1}{8}(2^n-1)}$$

⬅ $S_n=\frac{a(r^n-1)}{r-1}$

(2) $S_n=\frac{255}{8}$ となるとき

$\frac{1}{8}(2^n-1)=\frac{255}{8}$ より $2^n-1=255$

よって $2^n=256$

⬅ $256=2^8$

ゆえに $n=8$

すなわち，**第 8 項**

6 数列の和と Σ 記号(p.14)

37 (1) $\sum_{k=1}^{3}(2k-1)=\boldsymbol{(2\times1-1)+(2\times2-1)+(2\times3-1)}$ $(=\boldsymbol{1+3+5})$

(2) $\sum_{k=1}^{5}2k^3=\boldsymbol{2\cdot1^3+2\cdot2^3+2\cdot3^3+2\cdot4^3+2\cdot5^3}$

$(=\boldsymbol{2+16+54+128+250})$

(3) $\sum_{k=5}^{n}3^k=\boldsymbol{3^5+3^6+3^7+\cdots\cdots+3^n}$

和の記号 Σ

$\sum_{k=1}^{n}a_k=a_1+a_2+\cdots+a_n$

38 (1) $3+6+9+12+15+18+21=\boldsymbol{\sum_{k=1}^{7}3k}$

⬅ 第 k 項は $3k$

(2) $1^3+2^3+3^3+\cdots\cdots+15^3=\boldsymbol{\sum_{k=1}^{15}k^3}$

⬅ 第 k 項は k^3

(3) $2+2^2+2^3+\cdots\cdots+2^{40}=\boldsymbol{\sum_{k=1}^{40}2^k}$

⬅ 第 k 項は 2^k

39 (1) $\sum_{k=1}^{30}k=\frac{1}{2}\times30\times(30+1)=\boldsymbol{465}$

(2) $\sum_{k=1}^{10}k^2=\frac{1}{6}\times10\times(10+1)\times(2\times10+1)=\boldsymbol{385}$

$\sum_{k=1}^{n}k=\frac{1}{2}n(n+1)$

$\sum_{k=1}^{n}k^2=\frac{1}{6}n(n+1)(2n+1)$

(3) $\sum_{k=1}^{10}5\cdot2^{k-1}=\frac{5(2^{10}-1)}{2-1}$

$=5(1024-1)=\boldsymbol{5115}$

⬅ 初項 5，公比 2，項数 10 の等比数列の和

$\left(S_n=\frac{a(r^n-1)}{r-1}\right.$ を用いる$\left.\right)$

40 (1) $\sum_{k=1}^{n}(2k+5)=2\sum_{k=1}^{n}k+\sum_{k=1}^{n}5$

$=2\times\frac{1}{2}n(n+1)+5n$

$=n(n+1)+5n$

$=\boldsymbol{n(n+6)}$

Σ の性質

$\sum_{k=1}^{n}(a_k+b_k)=\sum_{k=1}^{n}a_k+\sum_{k=1}^{n}b_k$

$\sum_{k=1}^{n}ca_k=c\sum_{k=1}^{n}a_k$ (c は定数)

$\sum_{k=1}^{n}c=nc$ (c は定数)

(2) $\sum_{k=1}^{n}(3k^2+k)=3\sum_{k=1}^{n}k^2+\sum_{k=1}^{n}k$

$=3\times\frac{1}{6}n(n+1)(2n+1)+\frac{1}{2}n(n+1)$

$=\frac{1}{2}n(n+1)\{(2n+1)+1\}$

$=\frac{1}{2}n(n+1)(2n+2)$

$=\boldsymbol{n(n+1)^2}$

(3) $\sum_{k=1}^{n} 3k(k-1)=\sum_{k=1}^{n}(3k^2-3k)=3\sum_{k=1}^{n}k^2-3\sum_{k=1}^{n}k$

$$=3\times\frac{1}{6}n(n+1)(2n+1)-3\times\frac{1}{2}n(n+1)$$

$$=\frac{1}{2}n(n+1)(2n+1)-\frac{3}{2}n(n+1)$$

$$=\frac{1}{2}n(n+1)\{(2n+1)-3\}$$

$$=\frac{1}{2}n(n+1)(2n-2)=\boldsymbol{n(n+1)(n-1)}$$

41 (1) $\sum_{k=1}^{n-1}(4k+3)=4\sum_{k=1}^{n-1}k+\sum_{k=1}^{n-1}3$

$$=4\times\frac{1}{2}(n-1)\{(n-1)+1\}+3(n-1)$$

$$=2(n-1)n+3(n-1)=\boldsymbol{(n-1)(2n+3)}$$

⬅$\sum_{k=1}^{n-1}k$ は $\frac{1}{2}n(n+1)$ の n を $n-1$ におきかえる。
$\sum_{k=1}^{n-1}3$ は $\underbrace{3+3+\cdots\cdots+3}_{(n-1)\text{個}}$

(2) $\sum_{k=1}^{n-1}(k+1)(3k-2)$

$$=\sum_{k=1}^{n-1}(3k^2+k-2)$$

$$=3\sum_{k=1}^{n-1}k^2+\sum_{k=1}^{n-1}k-\sum_{k=1}^{n-1}2$$

$$=3\times\frac{1}{6}(n-1)\{(n-1)+1\}\{2(n-1)+1\}+\frac{1}{2}(n-1)\{(n-1)+1\}-2(n-1)$$

$$=\frac{1}{2}(n-1)n(2n-1)+\frac{1}{2}(n-1)n-2(n-1)$$

$$=\frac{1}{2}(n-1)\{(2n^2-n)+n-4\}$$

⬅$\frac{1}{2}(n-1)$ でくくる。

$$=\frac{1}{2}(n-1)(2n^2-4)=\boldsymbol{(n-1)(n^2-2)}$$

42 (1) この数列の第 k 項は $k\cdot 2k$ であるから

$$S_n=\sum_{k=1}^{n}k\cdot 2k=\sum_{k=1}^{n}2k^2=2\sum_{k=1}^{n}k^2$$

$$=2\times\frac{1}{6}n(n+1)(2n+1)$$

$$=\boldsymbol{\frac{1}{3}n(n+1)(2n+1)}$$

⬅各項の左側を取り出すと
$1,\ 2,\ 3,\ \cdots,\ k$
各項の右側を取り出すと
$2,\ 4,\ 6,\ \cdots,\ 2k$
よって，第 k 項は　$k\cdot 2k$

(2) この数列の第 k 項は $(k+1)(k+2)$ であるから

$$S_n=\sum_{k=1}^{n}(k+1)(k+2)$$

$$=\sum_{k=1}^{n}(k^2+3k+2)$$

$$=\sum_{k=1}^{n}k^2+3\sum_{k=1}^{n}k+\sum_{k=1}^{n}2$$

$$=\frac{1}{6}n(n+1)(2n+1)+\frac{3}{2}n(n+1)+2n$$

$$=\frac{1}{6}n\{(n+1)(2n+1)+9(n+1)+12\}$$

$$=\frac{1}{6}n(2n^2+12n+22)$$

$$=\boldsymbol{\frac{1}{3}n(n^2+6n+11)}$$

⬅各項の左側を取り出すと
$2,\ 3,\ 4,\ \cdots,\ k+1$
各項の右側を取り出すと
$3,\ 4,\ 5,\ \cdots,\ k+2$
よって，第 k 項は
$(k+1)(k+2)$

⬅$\frac{1}{6}n$ でくくる。

JUMP 6

$$\sum_{k=3}^{n}(3k^2-4k+1)$$
$$=\sum_{k=1}^{n}(3k^2-4k+1)-\sum_{k=1}^{2}(3k^2-4k+1)$$
$$=\sum_{k=1}^{n}(3k^2-4k+1)-\{(3\times1^2-4\times1+1)+(3\times2^2-4\times2+1)\}$$
$$=3\sum_{k=1}^{n}k^2-4\sum_{k=1}^{n}k+\sum_{k=1}^{n}1-(0+5)$$
$$=3\times\frac{1}{6}n(n+1)(2n+1)-4\times\frac{1}{2}n(n+1)+n-5$$
$$=\frac{1}{2}(2n^3+3n^2+n)-2(n^2+n)+n-5$$
$$=\boldsymbol{n^3-\frac{1}{2}n^2-\frac{1}{2}n-5}$$

考え方　次のように考える。
（第 3 項から第 n 項の和）
＝（第 1 項から第 n 項の和）
－（第 1 項と第 2 項の和）

⬅ $\sum_{k=1}^{2}a_k=a_1+a_2$

7 階差数列 (p.16)

43 数列 $\{b_n\}$ の初項から第 5 項までは

1, 2, 3, 4, 5

一般項は　$\boldsymbol{b_n=n}$

階差数列

$a_1,\ a_2,\ a_3,\ \cdots,\ a_{n-1},\ a_n$
$\vee\ \vee\ \ \vee$
$b_1,\ b_2,\ \cdots\cdots,\ b_{n-1}$

$n\geqq2$ のとき

$$a_n=a_1+\sum_{k=1}^{n-1}b_k$$

44 (1) **$-1,\ -2,\ -3,\ -4,\ -5$**

(2) $b_n=-n$ であるから，$n\geqq2$ のとき

$$a_n=a_1+\sum_{k=1}^{n-1}(-k)$$
$$=10-\frac{1}{2}n(n-1)$$
$$=-\frac{1}{2}n^2+\frac{1}{2}n+10$$

ここで，$a_n=-\frac{1}{2}n^2+\frac{1}{2}n+10$ に $n=1$ を代入すると $a_1=10$ となるから，この式は $n=1$ のときも成り立つ。

よって，求める一般項は

$$\boldsymbol{a_n=-\frac{1}{2}n^2+\frac{1}{2}n+10}$$

⬅ $n=1$ のときも成り立つことを確認する。

45 (1) **1, 2, 4, 8, 16**

(2) $\{b_n\}$ は初項 1，公比 2 の等比数列であるから

$\boldsymbol{b_n}=1\cdot2^{n-1}=\boldsymbol{2^{n-1}}$

(3) $n\geqq2$ のとき

$$\sum_{k=1}^{n-1}2^{k-1}=\frac{1\cdot(2^{n-1}-1)}{2-1}=\boldsymbol{2^{n-1}-1}$$

(4) $n\geqq2$ のとき

⬅ $n\geqq2$ とする。

$$a_n=a_1+\sum_{k=1}^{n-1}b_k$$
$$=5+(2^{n-1}-1)=2^{n-1}+4$$

ここで，$a_n=2^{n-1}+4$ に $n=1$ を代入すると $a_1=5$ となるから，この式は $n=1$ のときも成り立つ。

よって，求める一般項は

$$\boldsymbol{a_n=2^{n-1}+4}$$

⬅ $n=1$ のときも成り立つことを確認する。

46 与えられた数列を $\{a_n\}$ とし，$\{a_n\}$ の階差数列を $\{b_n\}$ とすると，

$\{a_n\}$：1, 2, 7, 16, 29, 46, ……

$\{b_n\}$：　1, 5, 9, 13, 17, ……

よって，$\{b_n\}$ は初項 1，公差 4 の等差数列であるから

$b_n=1+4\times(n-1)=4n-3$

$n\geqq2$ のとき

$$a_n=a_1+\sum_{k=1}^{n-1}b_k=1+\sum_{k=1}^{n-1}(4k-3)$$

$$=1+2n(n-1)-3(n-1)=2n^2-5n+4$$

ここで，$a_n=2n^2-5n+4$ に $n=1$ を代入すると $a_1=1$ となるから，この式は $n=1$ のときも成り立つ。

よって，求める一般項は　$\boldsymbol{a_n=2n^2-5n+4}$

⬅$n\geqq2$ とする。

⬅$\sum_{k=1}^{n-1}(4k-3)=4\sum_{k=1}^{n-1}k-\sum_{k=1}^{n-1}3$

⬅$n=1$ のときも成り立つことを確認する。

47 与えられた数列を $\{a_n\}$ とし，$\{a_n\}$ の階差数列を $\{b_n\}$ とすると，

$\{a_n\}$：1, 4, 13, 40, 121, ……

$\{b_n\}$：　3, 9, 27, 81, ……

よって，$\{b_n\}$ は初項 3，公比 3 の等比数列であるから

$b_n=3\times3^{n-1}=3^n$

$n\geqq2$ のとき

$$a_n=a_1+\sum_{k=1}^{n-1}b_k=1+\sum_{k=1}^{n-1}3^k$$

$$=1+\frac{3(3^{n-1}-1)}{3-1}=\frac{3^n-1}{2}$$

ここで，$a_n=\dfrac{3^n-1}{2}$ に $n=1$ を代入すると $a_1=1$ となるから，

この式は $n=1$ のときも成り立つ。

よって，求める一般項は　$\boldsymbol{a_n=\dfrac{3^n-1}{2}}$

⬅$n\geqq2$ とする。

⬅$\sum_{k=1}^{n-1}3^k$ は初項 3，公比 3，項数 $n-1$ の等比数列の和

⬅$n=1$ のときも成り立つことを確認する。

JUMP 7

与えられた数列を $\{a_n\}$ とし，$\{a_n\}$ の階差数列を $\{b_n\}$ とすると，

$\{a_n\}$：1, 2, 0, 4, −4, 12, −20, ……

$\{b_n\}$：　1, −2, 4, −8, 16, −32, ……

よって，$\{b_n\}$ は初項 1，公比 −2 の等比数列であるから

$b_n=1\times(-2)^{n-1}=(-2)^{n-1}$

$n\geqq2$ のとき

$$a_n=a_1+\sum_{k=1}^{n-1}b_k=1+\sum_{k=1}^{n-1}(-2)^{k-1}$$

$$=1+\frac{1\{1-(-2)^{n-1}\}}{1-(-2)}$$

$$=1+\frac{1-(-2)^{n-1}}{3}=\frac{4-(-2)^{n-1}}{3}$$

ここで，$a_n=\dfrac{4-(-2)^{n-1}}{3}$ に $n=1$ を代入すると $a_1=\dfrac{4-1}{3}=1$

となるから，この式は $n=1$ のときも成り立つ。

よって，初項から第 n 項までの和は

$$\sum_{k=1}^{n}a_k=\sum_{k=1}^{n}\frac{4-(-2)^{k-1}}{3}=\frac{1}{3}\sum_{k=1}^{n}4-\frac{1}{3}\sum_{k=1}^{n}(-2)^{k-1}$$

$$=\frac{1}{3}\times4n-\frac{1}{3}\times\frac{1\{1-(-2)^n\}}{1-(-2)}$$

$$=\frac{4}{3}n-\frac{1-(-2)^n}{9}=\boldsymbol{\frac{12n+(-2)^n-1}{9}}$$

考え方　まず与えられた数列の階差数列を考えて，一般項を求める。

⬅$n\geqq2$ とする。

⬅$\sum_{k=1}^{n-1}(-2)^{k-1}$ は初項 1, 公比 −2, 項数 $n-1$ の等比数列の和

⬅$(-2)^0=1$

⬅$n=1$ のときも成り立つことを確認する。

⬅$\sum_{k=1}^{n}(-2)^{k-1}$ は初項 1，公比 −2，項数 n の等比数列の和

8 数列の和と一般項(p.18)

48 (1) $S_1=1^2=\mathbf{1}$
$S_2=2^2=\mathbf{4}$
$S_3=3^2=\mathbf{9}$
$S_4=4^2=\mathbf{16}$
よって
$\boldsymbol{a_1}=S_1=\mathbf{1}$
$\boldsymbol{a_2}=S_2-S_1=\mathbf{3}$
$\boldsymbol{a_3}=S_3-S_2=\mathbf{5}$
$\boldsymbol{a_4}=S_4-S_3=\mathbf{7}$

⬅$a_1=S_1$
$a_n=S_n-S_{n-1}$ $(n\geqq 2)$

(2) (1)より $a_1=1$
$n\geqq 2$ のとき,
$a_n=S_n-S_{n-1}=n^2-(n-1)^2=2n-1$
ここで,$a_n=2n-1$ に $n=1$ を代入すると $a_1=1$ となるから,
この式は $n=1$ のときも成り立つ。
よって,求める一般項は
$\boldsymbol{a_n=2n-1}$

数列 $\{a_n\}$ の初項から第 n 項までの和を S_n とすると
$n=1$ のとき $a_1=S_1$
$n\geqq 2$ のとき
$a_n=S_n-S_{n-1}$

49 (1) 初項 a_1 は $a_1=S_1=1^2+2\times 1=3$
$n\geqq 2$ のとき
$a_n=S_n-S_{n-1}$
$=(n^2+2n)-\{(n-1)^2+2(n-1)\}$
$=(n^2+2n)-(n^2-1)$
$=2n+1$
ここで,$a_n=2n+1$ に $n=1$ を代入すると $a_1=3$ となるから,
この式は $n=1$ のときも成り立つ。
よって,求める一般項は
$\boldsymbol{a_n=2n+1}$

⬅$n\geqq 2$ とする。
⬅S_{n-1} は S_n の式の n に $n-1$ を代入する。
⬅$n=1$ のときも成り立つことを確認する。

(2) 初項 a_1 は $a_1=S_1=2\times 1^2-4\times 1=-2$
$n\geqq 2$ のとき
$a_n=S_n-S_{n-1}$
$=(2n^2-4n)-\{2(n-1)^2-4(n-1)\}$
$=(2n^2-4n)-(2n^2-8n+6)$
$=4n-6$
ここで,$a_n=4n-6$ に $n=1$ を代入すると $a_1=-2$ となるから,
この式は $n=1$ のときも成り立つ。
よって,求める一般項は
$\boldsymbol{a_n=4n-6}$

⬅$a_1=S_1$
⬅$n\geqq 2$ とする。
⬅$a_n=S_n-S_{n-1}$
⬅$n=1$ のときも成り立つことを確認する。

50 初項 a_1 は $a_1=S_1=-1^2+3\times 1=2$
$n\geqq 2$ のとき
$a_n=S_n-S_{n-1}$
$=(-n^2+3n)-\{-(n-1)^2+3(n-1)\}$
$=(-n^2+3n)-(-n^2+5n-4)$
$=-2n+4$
ここで,$a_n=-2n+4$ に $n=1$ を代入すると $a_1=2$ となるから,
この式は $n=1$ のときも成り立つ。
よって,求める一般項は
$\boldsymbol{a_n=-2n+4}$

⬅$a_1=S_1$
⬅$n\geqq 2$ とする。
⬅$a_n=S_n-S_{n-1}$
⬅$n=1$ のときも成り立つことを確認する。

51 初項 a_1 は

$a_1=S_1=1^2-3\times1+1=-1$

$n\geqq2$ のとき

$a_n=S_n-S_{n-1}$

$=(n^2-3n+1)-\{(n-1)^2-3(n-1)+1\}$

$=(n^2-3n+1)-(n^2-5n+5)$

$=2n-4$

ここで，$a_n=2n-4$ に $n=1$ を代入すると $a_1=-2$ となるから，この式は $n=1$ のときは成り立たない。

よって，求める一般項は

$$a_n=\begin{cases}-1 & (n=1\text{ のとき})\\ 2n-4 & (n\geqq2\text{ のとき})\end{cases}$$

⬅$a_1=S_1$

⬅$n\geqq2$ とする。

⬅$a_n=S_n-S_{n-1}$

⬅$n=1$ のとき成り立たないこともある。

⬅$n=1$ のときと $n=2$ のときを分けてかく。

JUMP 8

$\displaystyle\sum_{k=5}^{10}a_k=\sum_{k=1}^{10}a_k-\sum_{k=1}^{4}a_k$

$=S_{10}-S_4$

$=2\times10^2-3\times10-(2\times4^2-3\times4)$

$=\mathbf{150}$

考え方　$S_n=\displaystyle\sum_{k=1}^{n}a_n$ であることを利用する。

⬅$\displaystyle\sum_{k=5}^{10}a_k=\sum_{k=1}^{10}a_k-\sum_{k=1}^{4}a_k=S_{10}-S_4$

9 いろいろな数列の和 (p.20)

52 この数列の第 k 項は $\dfrac{1}{(k+2)(k+3)}$ であり

$\dfrac{1}{(k+2)(k+3)}=\dfrac{1}{k+2}-\dfrac{1}{k+3}$

と変形できるから

$S_n=\left(\dfrac{1}{3}-\dfrac{1}{4}\right)+\left(\dfrac{1}{4}-\dfrac{1}{5}\right)+\left(\dfrac{1}{5}-\dfrac{1}{6}\right)+\cdots\cdots+\left(\dfrac{1}{n+2}-\dfrac{1}{n+3}\right)$

$=\dfrac{1}{3}-\dfrac{1}{n+3}$

$=\dfrac{(n+3)-3}{3(n+3)}$

$=\mathbf{\dfrac{n}{3(n+3)}}$

⬅$\dfrac{1}{(k+2)(k+3)}=\dfrac{(k+3)-(k+2)}{(k+2)(k+3)}=\dfrac{k+3}{(k+2)(k+3)}-\dfrac{k+2}{(k+2)(k+3)}=\dfrac{1}{k+2}-\dfrac{1}{k+3}$

53 (1) この数列の第 k 項は $\dfrac{1}{(2k+1)(2k+3)}$ であり

$\dfrac{1}{(2k+1)(2k+3)}=\dfrac{1}{2}\left(\dfrac{1}{2k+1}-\dfrac{1}{2k+3}\right)$

と変形できるから

$S_n=\dfrac{1}{2}\left\{\left(\dfrac{1}{3}-\dfrac{1}{5}\right)+\left(\dfrac{1}{5}-\dfrac{1}{7}\right)+\left(\dfrac{1}{7}-\dfrac{1}{9}\right)+\cdots\right.$

$\left.\cdots+\left(\dfrac{1}{2n+1}-\dfrac{1}{2n+3}\right)\right\}$

$=\dfrac{1}{2}\left(\dfrac{1}{3}-\dfrac{1}{2n+3}\right)$

$=\dfrac{1}{2}\times\dfrac{(2n+3)-3}{3(2n+3)}$

$=\dfrac{1}{2}\times\dfrac{2n}{3(2n+3)}$

$=\mathbf{\dfrac{n}{3(2n+3)}}$

⬅$\dfrac{1}{(2k+1)(2k+3)}=\dfrac{1}{2}\cdot\dfrac{(2k+3)-(2k+1)}{(2k+1)(2k+3)}=\dfrac{1}{2}\left\{\dfrac{2k+3}{(2k+1)(2k+3)}-\dfrac{2k+1}{(2k+1)(2k+3)}\right\}=\dfrac{1}{2}\left(\dfrac{1}{2k+1}-\dfrac{1}{2k+3}\right)$

(2) この数列の第 k 項は $\dfrac{1}{k(k+2)}$ であり

$$\frac{1}{k(k+2)}=\frac{1}{2}\left(\frac{1}{k}-\frac{1}{k+2}\right)$$

と変形できるから

$$S_n=\frac{1}{2}\left\{\left(\frac{1}{1}-\frac{1}{3}\right)+\left(\frac{1}{2}-\frac{1}{4}\right)+\left(\frac{1}{3}-\frac{1}{5}\right)+\left(\frac{1}{4}-\frac{1}{6}\right)+\cdots\right.$$
$$\left.\cdots+\left(\frac{1}{n-1}-\frac{1}{n+1}\right)+\left(\frac{1}{n}-\frac{1}{n+2}\right)\right\}$$
$$=\frac{1}{2}\left(1+\frac{1}{2}-\frac{1}{n+1}-\frac{1}{n+2}\right)$$
$$=\frac{1}{2}\left(\frac{3}{2}-\frac{1}{n+1}-\frac{1}{n+2}\right)$$
$$=\frac{1}{2}\times\frac{3(n+1)(n+2)-2(n+2)-2(n+1)}{2(n+1)(n+2)}$$
$$=\frac{3n^2+9n+6-2n-4-2n-2}{4(n+1)(n+2)}$$
$$=\frac{3n^2+5n}{4(n+1)(n+2)}$$
$$=\boldsymbol{\frac{n(3n+5)}{4(n+1)(n+2)}}$$

⬅ $\dfrac{1}{k(k+2)}$
$=\dfrac{1}{2}\cdot\dfrac{k+2-k}{k(k+2)}$
$=\dfrac{1}{2}\left\{\dfrac{k+2}{k(k+2)}-\dfrac{k}{k(k+2)}\right\}$
$=\dfrac{1}{2}\left(\dfrac{1}{k}-\dfrac{1}{k+2}\right)$

54 (1) $S_n=1\cdot3+2\cdot3^2+3\cdot3^3+\cdots\cdots+n\cdot3^n$ ……①

①の両辺に 3 を掛けると

$3S_n=1\cdot3^2+2\cdot3^3+3\cdot3^4+\cdots\cdots+(n-1)\cdot3^n+n\cdot3^{n+1}$ ……②

①−②より

$$\begin{array}{rl} S_n= & 1\cdot3+2\cdot3^2+3\cdot3^3+\cdots\cdots+\quad n\cdot3^n \\ -)\ 3S_n= & \quad 1\cdot3^2+2\cdot3^3+\cdots\cdots+(n-1)\cdot3^n+n\cdot3^{n+1} \\ \hline -2S_n= & 1\cdot3+1\cdot3^2+1\cdot3^3+\cdots\cdots+\quad 1\cdot3^n-n\cdot3^{n+1} \end{array}$$
$$=3+3^2+3^3+\cdots\cdots+3^n-n\cdot3^{n+1}$$
$$=\frac{3(3^n-1)}{3-1}-n\cdot3^{n+1}$$
$$=\frac{3^{n+1}-3-2n\cdot3^{n+1}}{2}$$
$$=\frac{(1-2n)\cdot3^{n+1}-3}{2}$$

よって

$$S_n=\frac{(1-2n)\cdot3^{n+1}-3}{-4}=\boldsymbol{\frac{(2n-1)\cdot3^{n+1}+3}{4}}$$

⬅各項の左側を取り出すと
1, 2, 3, …, n
各項の右側を取り出すと
3, 3^2, 3^3, …, 3^n

⬅(等差)×(等比) の形の数列の和であるから，等比数列の公比 3 を用いて
S_n-3S_n
を考えるとよい。

(2) $S_n=1\cdot1+3\cdot2+5\cdot2^2+\cdots\cdots+(2n-1)\cdot2^{n-1}$ ……①

①の両辺に 2 を掛けると

$2S_n=1\cdot2+3\cdot2^2+5\cdot2^3+\cdots\cdots+(2n-1)\cdot2^n$ ……②

①−②より

$$\begin{array}{rl} S_n= & 1\cdot1+3\cdot2+5\cdot2^2+\cdots\cdots+(2n-1)\cdot2^{n-1} \\ -)\ 2S_n= & \quad 1\cdot2+3\cdot2^2+\cdots\cdots+(2n-3)\cdot2^{n-1}+(2n-1)\cdot2^n \\ \hline -S_n= & 1\cdot1+2\cdot2+2\cdot2^2+\cdots\cdots+\quad 2\cdot2^{n-1}-(2n-1)\cdot2^n \end{array}$$
$$=1+2^2+2^3+\cdots\cdots+2^n-(2n-1)\cdot2^n$$
$$=1+\frac{4(2^{n-1}-1)}{2-1}-(2n-1)\cdot2^n$$
$$=1+4\cdot2^{n-1}-4-(2n-1)\cdot2^n$$
$$=1+2\cdot2^n-4-(2n-1)\cdot2^n$$
$$=(3-2n)\cdot2^n-3$$

よって　$S_n=\boldsymbol{(2n-3)\cdot2^n+3}$

⬅各項の左側を取り出すと
1, 3, 5, …, $2n-1$
各項の右側を取り出すと
1, 2, 2^2, …, 2^{n-1}

⬅(等差)×(等比) の形の数列の和であるから，等比数列の公比 2 を用いて
S_n-2S_n
を考えるとよい。

JUMP 9

$$\frac{1}{(k+1)(k+2)(k+3)}=\frac{1}{2}\left\{\frac{1}{(k+1)(k+2)}-\frac{1}{(k+2)(k+3)}\right\}$$

であるから

$$S_n=\frac{1}{2}\left[\left(\frac{1}{2\cdot3}-\frac{1}{3\cdot4}\right)+\left(\frac{1}{3\cdot4}-\frac{1}{4\cdot5}\right)+\cdots+\left\{\frac{1}{(n+1)(n+2)}-\frac{1}{(n+2)(n+3)}\right\}\right]$$

$$=\frac{1}{2}\left\{\frac{1}{6}-\frac{1}{(n+2)(n+3)}\right\}$$

$$=\frac{1}{2}\cdot\frac{(n+2)(n+3)-6}{6(n+2)(n+3)}$$

$$=\frac{n^2+5n+6-6}{12(n+2)(n+3)}=\boldsymbol{\frac{n(n+5)}{12(n+2)(n+3)}}$$

考え方　部分分数に分解する。

⇐ $\frac{1}{(k+1)(k+2)(k+3)}$
$=\frac{1}{2}\cdot\frac{(k+3)-(k+1)}{(k+1)(k+2)(k+3)}$
$=\frac{1}{2}\left\{\frac{k+3}{(k+1)(k+2)(k+3)}-\frac{k+1}{(k+1)(k+2)(k+3)}\right\}$
$=\frac{1}{2}\left\{\frac{1}{(k+1)(k+2)}-\frac{1}{(k+2)(k+3)}\right\}$

10 漸化式 (p.22)

55　$a_{n+1}-a_n=3n$　($n=1,\ 2,\ 3,\ \cdots\cdots$)

であるから，数列 $\{a_n\}$ の階差数列を $\{b_n\}$ とすると

$b_n=3n$

よって，$n\geqq2$ のとき

$$a_n=a_1+\sum_{k=1}^{n-1}3k$$

$$=1+3\times\frac{1}{2}n(n-1)$$

$$=\frac{3}{2}n^2-\frac{3}{2}n+1$$

ここで，この式に $n=1$ を代入すると

$$a_1=\frac{3}{2}\times1^2-\frac{3}{2}\times1+1=1$$

となるから，この式は $n=1$ のときも成り立つ。

ゆえに，求める一般項は

$$\boldsymbol{a_n=\frac{3}{2}n^2-\frac{3}{2}n+1}$$

⇐階差数列がわかる漸化式

⇐$n\geqq2$ とする。

⇐$n=1$ のときも成り立つことを確認する。

56　与えられた漸化式は

$a_{n+1}-1=3(a_n-1)$

と変形できるから，$b_n=a_n-1$ とおくと

$b_{n+1}=3b_n$，$b_1=a_1-1=3-1=2$

すなわち，数列 $\{b_n\}$ は，初項 2，公比 3 の等比数列であるから

$b_n=2\times3^{n-1}$

ここで，$b_n=a_n-1$ より　$a_n=b_n+1$

であるから，求める一般項は

$\boldsymbol{a_n=2\times3^{n-1}+1}$

⇐$\alpha=3\alpha-2$ を解くと
$2\alpha=2$ より $\alpha=1$
よって
$a_{n+1}-1=3(a_n-1)$

57　(1)　初項 4，公差 3 の等差数列であるから

$\boldsymbol{a_n}=4+3(n-1)=\boldsymbol{3n+1}$

(2)　初項 3，公比 2 の等比数列であるから

$\boldsymbol{a_n=3\times2^{n-1}}$

(3)　$a_{n+1}-a_n=6n-1$ であるから，

数列 $\{a_n\}$ の階差数列を $\{b_n\}$ とすると

$b_n=6n-1$

⇐$a_{n+1}=a_n+d$
⟶等差数列の漸化式

⇐$a_{n+1}=ra_n$
⟶等比数列の漸化式

⇐階差数列がわかる漸化式

よって，$n\geqq 2$ のとき

$$a_n=a_1+\sum_{k=1}^{n-1}b_k$$
$$=5+\sum_{k=1}^{n-1}(6k-1)$$
$$=5+6\sum_{k=1}^{n-1}k-\sum_{k=1}^{n-1}1$$
$$=5+6\times\frac{1}{2}(n-1)n-(n-1)$$
$$=3n^2-4n+6$$

⇐$n\geqq 2$ とする。

⇐$\{a_n\}$ の階差数列を $\{b_n\}$ とすると
$n\geqq 2$ のとき
$a_n=a_1+\sum_{k=1}^{n-1}b_k$

ここで，この式に $n=1$ を代入すると

$a_1=3\times 1^2-4\times 1+6=5$

となるから，この式は $n=1$ のときも成り立つ。

ゆえに，求める一般項は　$\boldsymbol{a_n=3n^2-4n+6}$

⇐$n=1$ のときも成り立つことを確認する。

(4)　与えられた漸化式は

$a_{n+1}+1=3(a_n+1)$

と変形できるから，$b_n=a_n+1$ とおくと

$b_{n+1}=3b_n$，$b_1=a_1+1=2$

すなわち，数列 $\{b_n\}$ は初項 2，公比 3 の等比数列であるから

$b_n=2\times 3^{n-1}$

ここで，$b_n=a_n+1$ より　$a_n=b_n-1$

であるから，求める一般項は　$\boldsymbol{a_n=2\times 3^{n-1}-1}$

⇐$\alpha=3\alpha+2$ を解くと
$2\alpha=-2$ より $\alpha=-1$
よって
$a_{n+1}+1=3(a_n+1)$

58 (1)　$a_{n+1}-a_n=2n^2$ であるから，

数列 $\{a_n\}$ の階差数列を $\{b_n\}$ とすると

$b_n=2n^2$

よって，$n\geqq 2$ のとき

$$a_n=a_1+\sum_{k=1}^{n-1}b_k$$
$$=3+\sum_{k=1}^{n-1}2k^2$$
$$=3+2\sum_{k=1}^{n-1}k^2$$
$$=3+2\times\frac{1}{6}(n-1)n(2n-1)$$
$$=\frac{2}{3}n^3-n^2+\frac{1}{3}n+3$$

⇐階差数列がわかる漸化式

⇐$n\geqq 2$ とする。

ここで，この式に $n=1$ を代入すると

$$a_1=\frac{2}{3}\times 1^3-1^2+\frac{1}{3}\times 1+3=3$$

となるから，この式は $n=1$ のときも成り立つ。

ゆえに，求める一般項は　$\boldsymbol{a_n=\frac{2}{3}n^3-n^2+\frac{1}{3}n+3}$

⇐$n=1$ のときも成り立つことを確認する。

(2)　与えられた漸化式は

$a_{n+1}-3=-3(a_{n+1}-3)$

と変形できるから，$b_n=a_n-3$ とおくと

$b_{n+1}=-3b_n$，$b_1=a_1-3=-2$

すなわち，数列 $\{b_n\}$ は初項 -2，公比 -3 の等比数列であるから

$b_n=-2\times(-3)^{n-1}$

ここで，$b_n=a_n-3$ より　$a_n=b_n+3$

であるから，求める一般項は　$\boldsymbol{a_n=-2\times(-3)^{n-1}+3}$

⇐$\alpha=-3\alpha+12$ を解くと
$4\alpha=12$ より $\alpha=3$
よって
$a_{n+1}-3=3(a_n-3)$

JUMP 10

(1) $a_1=1$, $a_{n+1}=\dfrac{a_n}{a_n+1}$ より,

すべての自然数 n について　$a_n \neq 0$

漸化式の両辺について逆数をとると

$$\frac{1}{a_{n+1}}=\frac{a_n+1}{a_n}=1+\frac{1}{a_n}$$

$b_n=\dfrac{1}{a_n}$ とおくと　$\boldsymbol{b_{n+1}=b_n+1}$

(2) $b_1=\dfrac{1}{a_1}=1$ と(1)の結果より,

数列 $\{b_n\}$ は初項 1, 公差 1 の等差数列であるから

$b_n=1+(n-1)\cdot 1=n$

よって, 求める一般項は　$a_n=\dfrac{1}{b_n}$　より　$\boldsymbol{a_n=\dfrac{1}{n}}$

考え方　b_{n+1} と b_n, すなわち $\dfrac{1}{a_{n+1}}$ と $\dfrac{1}{a_n}$ の関係式をつくるため, 漸化式の両辺の逆数をとる。

11 数学的帰納法 (p.24)

59 上から順に, **2, 1・(1+1)=2, $k(k+1)$, $(k+1)(k+2)$**

60 上から順に, **1, $2^1-1=1$, 2^k-1, $2^{k+1}-1$**

⬅ $2^k-1+2^k=2\cdot 2^k-1$
$=2^{k+1}-1$

61 (証明)

[Ⅰ] $n=1$ のとき

(左辺)$=1$, (右辺)$=\dfrac{3^1-1}{2}=1$

よって, $n=1$ のとき, 等式が成り立つ。

[Ⅱ] $n=k$ のとき成り立つと仮定すると

$$1+3+9+\cdots\cdots+3^{k-1}=\frac{3^k-1}{2}$$

この式の両辺に 3^k を加えると

$$1+3+9+\cdots\cdots+3^{k-1}+3^k=\frac{3^k-1}{2}+3^k$$

ここで, 右辺を計算すると

$$(右辺)=\frac{3^k-1+2\cdot 3^k}{2}=\frac{3\cdot 3^k-1}{2}=\frac{3^{k+1}-1}{2}$$

よって, $n=k+1$ のときも, 等式が成り立つ。

[Ⅰ], [Ⅱ] から, 与えられた等式は, すべての自然数 n について成り立つ。 (終)

数学的帰納法
自然数 n を含むことがら P がすべての自然数 n について成り立つことを証明するには
[Ⅰ] $n=1$ のとき P が成り立つ
[Ⅱ] $n=k$ のとき P が成り立つと仮定すると, $n=k+1$ のときも P が成り立つ
の 2 つを示せばよい。

62 (証明)　命題「6^n-1 は 5 の倍数である」を①とする。

[Ⅰ] $n=1$ のとき　$6^1-1=5$

よって, $n=1$ のとき, ①が成り立つ。

[Ⅱ] $n=k$ のとき, ①が成り立つと仮定すると, 整数 m を用いて, $6^k-1=5m$ と表される。

この式を用いると, $n=k+1$ のとき

$$\begin{aligned}6^{k+1}-1&=6\cdot 6^k-1\\&=6(5m+1)-1\\&=30m+5=5(6m+1)\end{aligned}$$

⬅ $6^{k+1}=6\cdot 6^k$

⬅ $6^k-1=5m$ より
$6^k=5m+1$

ここで, $6m+1$ は整数であるから, $6^{k+1}-1$ は 5 の倍数である。

よって, $n=k+1$ のときも, ①が成り立つ。

[Ⅰ], [Ⅱ] から, ①はすべての自然数 n について成り立つ。 (終)

JUMP 11

(証明)

[Ⅰ] $n=3$ のとき

(左辺)$=3^3=27$,(右辺)$=8\times3+3=27$

よって,$n=3$ のとき等号が成り立つので,不等式は成り立つ。

[Ⅱ] $k\geqq3$ として,$n=k$ のとき不等式が成り立つと仮定すると

$3^k\geqq8k+3$

このとき,$n=k+1$ のときの不等式

$3^{k+1}\geqq8(k+1)+3$

が成り立つことを示せばよい。

(左辺)$-$(右辺)$=3^{k+1}-\{8(k+1)+3\}=3\cdot3^k-(8k+11)$

であり,$3^k\geqq8k+3$ であるから

(左辺)$-$(右辺)$\geqq3(8k+3)-(8k+11)=16k-2$

$k\geqq3$ であるから $16k-2>0$

よって $3^{k+1}>8(k+1)+3$

ゆえに,$n=k+1$ のときも,不等式は成り立つ。

[Ⅰ],[Ⅱ] から,与えられた不等式は,3 以上のすべての自然数について成り立つ。 (終)

考え方 n は 3 以上の自然数であるから,$n=3$ のときから考える。

⬅不等式 $p\geqq q$ は $p>q$ または $p=q$ のときに成り立つ。

⬅$3^n\geqq8n+3$ に $n=k+1$ を代入。

⬅(左辺)$-$(右辺)>0 より (左辺)$>$(右辺)

⬅不等式 $p\geqq q$ は $p>q$ または $p=q$ のときに成り立つ。

まとめの問題 数列②(p.26)

1 (1) $\displaystyle\sum_{k=1}^{30}(k+2)=\sum_{k=1}^{30}k+\sum_{k=1}^{30}2$

$=\dfrac{1}{2}\times30\times(30+1)+2\times30$

$=465+60=\mathbf{525}$

(2) $\displaystyle\sum_{k=1}^{6}3\cdot2^k=\frac{6(2^6-1)}{2-1}=\mathbf{378}$

別解 $\displaystyle\sum_{k=1}^{6}3\cdot2^k=3\cdot2^1+3\cdot2^2+3\cdot2^3+3\cdot2^4+3\cdot2^5+3\cdot2^6$

$=6+12+24+48+96+192=\mathbf{378}$

(3) $\displaystyle\sum_{k=1}^{n}(4k-1)=4\sum_{k=1}^{n}k-\sum_{k=1}^{n}1$

$=4\cdot\dfrac{1}{2}n(n+1)-n$

$=2n(n+1)-n$

$=n\{2(n+1)-1\}$

$=\boldsymbol{n(2n+1)}$

(4) $\displaystyle\sum_{k=1}^{n}(k^2-3k+2)=\sum_{k=1}^{n}k^2-3\sum_{k=1}^{n}k+\sum_{k=1}^{n}2$

$=\dfrac{1}{6}n(n+1)(2n+1)-3\cdot\dfrac{1}{2}n(n+1)+2n$

$=\dfrac{1}{6}n\{(n+1)(2n+1)-9(n+1)+12\}$

$=\dfrac{1}{6}n(2n^2+3n+1-9n-9+12)$

$=\dfrac{1}{6}n(2n^2-6n+4)$

$=\dfrac{1}{3}n(n^2-3n+2)$

$=\boldsymbol{\dfrac{1}{3}n(n-1)(n-2)}$

$\displaystyle\sum_{k=1}^{n}k=\frac{1}{2}k(k+1)$

⬅$\displaystyle\sum_{k=1}^{30}2$ は $\underbrace{2+2+\cdots\cdots+2}_{30\text{個}}$

⬅初項 6,公比 2,項数 6 の等比数列の和

⬅$\displaystyle\sum_{k=1}^{n}1$ は $\underbrace{1+1+\cdots\cdots+1}_{n\text{個}}$

$\displaystyle\sum_{k=1}^{n}k^2=\frac{1}{6}n(n+1)(2n+1)$

⬅$\displaystyle\sum_{k=1}^{n}2$ は $\underbrace{2+2+\cdots\cdots+2}_{n\text{個}}$

(5) $\sum_{k=1}^{n-1}(k+3)(k-2)=\sum_{k=1}^{n-1}(k^2+k-6)$

$$=\sum_{k=1}^{n-1}k^2+\sum_{k=1}^{n-1}k-\sum_{k=1}^{n-1}6$$
$$=\frac{1}{6}(n-1)n(2n-1)+\frac{1}{2}(n-1)n-6(n-1)$$
$$=\frac{1}{6}(n-1)\{n(2n-1)+3n-36\}$$
$$=\frac{1}{6}(n-1)(2n^2+2n-36)$$
$$=\boldsymbol{\frac{1}{3}(n-1)(n^2+n-18)}$$

⬅ $\sum_{k=1}^{n-1}k^2$ と $\sum_{k=1}^{n-1}k$ はそれぞれ
$\frac{1}{6}n(n+1)(2n+1)$
$\frac{1}{2}n(n+1)$
の n を $n-1$ におきかえる。
$\sum_{k=1}^{n-1}6$ は $\underbrace{6+6+\cdots\cdots+6}_{(n-1)\text{個}}$

2 (1) $\{a_n\}$：-6, -4, 1, 9, 20, ……

$\{b_n\}$：2, 5, 8, 11, ……

よって，数列 $\{b_n\}$ は，初項 2，公差 3 の等差数列

ゆえに，求める一般項は

$\boldsymbol{b_n}=2+(n-1)\times3=\boldsymbol{3n-1}$

(2) $n\geqq2$ のとき

⬅ $n\geqq2$ とする。

$$a_n=a_1+\sum_{k=1}^{n-1}b_k$$
$$=-6+\sum_{k=1}^{n-1}(3k-1)$$
$$=-6+3\sum_{k=1}^{n-1}k-\sum_{k=1}^{n-1}1$$
$$=-6+3\times\frac{1}{2}(n-1)n-(n-1)$$
$$=\frac{3}{2}(n-1)n-n-5$$
$$=\frac{3}{2}n^2-\frac{5}{2}n-5$$

⬅ $\sum_{k=1}^{n-1}k$ は $\frac{1}{2}n(n+1)$ の n を $n-1$ におきかえる。
$\sum_{k=1}^{n-1}1$ は $\underbrace{1+1+\cdots\cdots+1}_{(n-1)\text{個}}$

ここで，この式に $n=1$ を代入すると

⬅ $n=1$ のときも成り立つことを確認する。

$$a_1=\frac{3}{2}\times1^2-\frac{5}{2}\times1-5=-6$$

となるから，この式は $n=1$ のときも成り立つ。

よって，求める一般項は

$$\boldsymbol{a_n=\frac{3}{2}n^2-\frac{5}{2}n-5}$$

3 初項 a_1 は

$a_1=S_1=1^2-4\times1=-3$

⬅ $a_1=S_1$

$n\geqq2$ のとき

⬅ $n\geqq2$ とする。

$$a_n=S_n-S_{n-1}$$
$$=(n^2-4n)-\{(n-1)^2-4(n-1)\}$$
$$=n^2-4n-(n^2-2n+1-4n+4)$$
$$=n^2-4n-n^2+6n-5$$
$$=2n-5$$

⬅ $a_n=S_n-S_{n-1}$

ここで，この式に $n=1$ を代入すると

$a_1=2\times1-5=-3$

となるから，この式は $n=1$ のときも成り立つ。

⬅ $n=1$ のときも成り立つことを確認する。

よって，求める一般項は

$\boldsymbol{a_n=2n-5}$

4 この数列の第 k 項は $\dfrac{1}{2k(2k+2)}$ であり

$$\frac{1}{2k(2k+2)}=\frac{1}{2}\left(\frac{1}{2k}-\frac{1}{2k+2}\right)$$

と変形できるから

$$S_n=\frac{1}{2}\left\{\left(\frac{1}{2}-\frac{1}{4}\right)+\left(\frac{1}{4}-\frac{1}{6}\right)+\cdots\cdots+\left(\frac{1}{2n}-\frac{1}{2n+2}\right)\right\}$$

$$=\frac{1}{2}\left(\frac{1}{2}-\frac{1}{2n+2}\right)$$

$$=\frac{1}{4}\left(1-\frac{1}{n+1}\right)$$

$$=\frac{(n+1)-1}{4(n+1)}=\boldsymbol{\frac{n}{4(n+1)}}$$

5 $a_{n+1}-a_n=4n+2$

であるから，数列 $\{a_n\}$ の階差数列を $\{b_n\}$ とすると

$b_n=4n+2$

よって，$n\geqq 2$ のとき

$$a_n=a_1+\sum_{k=1}^{n-1}b_k=1+\sum_{k=1}^{n-1}(4k+2)$$

$$=1+4\sum_{k=1}^{n-1}k+\sum_{k=1}^{n-1}2$$

$$=1+4\times\frac{1}{2}(n-1)n+2(n-1)$$

$$=1+2(n-1)n+2(n-1)$$

$$=2n^2-1$$

ここで，この式に $n=1$ を代入すると　$a_1=2\cdot1^2-1=1$

となるから，この式は $n=1$ のときも成り立つ。

ゆえに，求める一般項は　$\boldsymbol{a_n=2n^2-1}$

⬅階差数列がわかる漸化式

⬅$n\geqq 2$ とする。

⬅$n=1$ のときも成り立つことを確認する。

6 与えられた漸化式は

$a_{n+1}-4=2(a_n-4)$

と変形できるから，$b_n=a_n-4$ とおくと

$b_{n+1}=2b_n$，$b_1=a_1-4=-1$

すなわち，$\{b_n\}$ は初項 -1，公比 2 の等比数列であるから

$b_n=(-1)\times2^{n-1}=-2^{n-1}$

ここで，$b_n=a_n-4$ より　$a_n=b_n+4$

であるから，求める一般項は　$\boldsymbol{a_n=-2^{n-1}+4}$

⬅$\alpha=2\alpha-4$ を解くと
$\alpha=4$
よって
$a_{n+1}-4=2(a_n-4)$

7 (証明)

[Ⅰ]　$n=1$ のとき

(左辺)$=2$，(右辺)$=2\times1^2=2$

よって，$n=1$ のとき，等式が成り立つ。

[Ⅱ]　$n=k$ のとき成り立つと仮定すると

$2+6+10+\cdots\cdots+(4k-2)=2k^2$

この式の両辺に $4k+2$ を加えると

$2+6+10+\cdots\cdots+(4k-2)+(4k+2)=2k^2+4k+2$

ここで，右辺を計算すると

(右辺)$=2(k^2+2k+1)=2(k+1)^2$

よって，$n=k+1$ のときも，等式が成り立つ。

[Ⅰ]，[Ⅱ] から，与えられた等式は，すべての自然数について成り立つ。（終）

⬅$4n-2$ に $n=k+1$ を代入すると
$4(k+1)-2=4k+2$

12 期待値・分散・標準偏差の復習 (p.28)

63　1等，2等，3等，4等である確率は，それぞれ

$\frac{2}{100}$，$\frac{3}{100}$，$\frac{15}{100}$，$\frac{80}{100}$

よって，求める期待値は

$10000\times\frac{2}{100}+5000\times\frac{3}{100}+1000\times\frac{15}{100}+0\times\frac{80}{100}=\mathbf{500}$ **(円)**

期待値

Xの値	x_1	x_2	…	x_n	計
確率	p_1	p_2	…	p_n	1

$x_1p_1+x_2p_2+\cdots+x_np_n$

64　1の目が出る確率は　$\frac{1}{6}$

偶数の目が出る確率は　$\frac{3}{6}$

それ以外の目が出る確率は　$1-\frac{1}{6}-\frac{3}{6}=\frac{2}{6}$

よって，もらえる得点とその確率は，次の表のようになる。

得点	150	50	0	計
確率	$\frac{1}{6}$	$\frac{3}{6}$	$\frac{2}{6}$	1

ゆえに，求める期待値は

$150\times\frac{1}{6}+50\times\frac{3}{6}+0\times\frac{2}{6}=\mathbf{50}$ **(点)**

65　(1)　5個のデータの平均値は

$\bar{x}=\frac{5+6+2+4+8}{5}=\frac{25}{5}=\mathbf{5}$

(2)　平均値は5であるから，分散s^2は

$s^2=\frac{(5-5)^2+(6-5)^2+(2-5)^2+(4-5)^2+(8-5)^2}{5}$

$=\frac{0+1+9+1+9}{5}=\frac{20}{5}=\mathbf{4}$

←次のような表にすると計算しやすい。

x_k	$x_k-\bar{x}$	$(x_k-\bar{x})^2$
5	0	0
6	1	1
2	−3	9
4	−1	1
8	3	9
合計	0	20

(3)　$s^2=\frac{5^2+6^2+2^2+4^2+8^2}{5}-\left(\frac{5+6+2+4+8}{5}\right)^2$

$=\frac{145}{5}-5^2=29-25=\mathbf{4}$

(4)　標準偏差sは

$s=\sqrt{4}=\mathbf{2}$

13 確率変数と確率分布 (p.30)

66　(1)　Xのとり得る値は0，1，2，3，4である。

$P(X=0)=\frac{{}_4C_0}{2^4}=\frac{1}{16}$

$P(X=1)=\frac{{}_4C_1}{2^4}=\frac{4}{16}$

$P(X=2)=\frac{{}_4C_2}{2^4}=\frac{6}{16}$

$P(X=3)=\frac{{}_4C_3}{2^4}=\frac{4}{16}$

$P(X=4)=\frac{{}_4C_4}{2^4}=\frac{1}{16}$

←1枚の硬貨につき，出方が2通りあるから，分母は　$2^4=16$

←例えば，$X=2$となる場合は，4枚の硬貨から，表の出る2枚を選ぶ試行と考えられるから　${}_4C_2=6$通り

よって，X の確率分布は次の表のようになる。

X	0	1	2	3	4	計
P	$\frac{1}{16}$	$\frac{4}{16}$	$\frac{6}{16}$	$\frac{4}{16}$	$\frac{1}{16}$	1

⬅すべての場合の確率の和は1になる。

(2) $P(2 \leqq X \leqq 3) = P(X=2) + P(X=3)$

$$= \frac{6}{16} + \frac{4}{16} = \frac{10}{16} = \mathbf{\frac{5}{8}}$$

67 (1) X のとり得る値は 0，1，2 である。

$$P(X=0) = \frac{{}_3C_2}{{}_8C_2} = \frac{3}{28}$$

$$P(X=1) = \frac{{}_5C_1 \times {}_3C_1}{{}_8C_2} = \frac{15}{28}$$

$$P(X=2) = \frac{{}_5C_2}{{}_8C_2} = \frac{10}{28}$$

⬅袋の中には合計 8 個の球が入っている。

よって，X の確率分布は次の表のようになる。

X	0	1	2	計
P	$\frac{3}{28}$	$\frac{15}{28}$	$\frac{10}{28}$	1

⬅すべての場合の確率の和は1になる。

(2) $P(0 \leqq X \leqq 1) = P(X=0) + P(X=1)$

$$= \frac{3}{28} + \frac{15}{28} = \frac{18}{28} = \mathbf{\frac{9}{14}}$$

68 (1) X のとり得る値は

1，2，3，4，5，6

である。

よって，右の表より，X の確率分布は次の表のようになる。

＼	1	2	3	4	5	6
1	1	2	3	4	5	6
2	2	2	3	4	5	6
3	3	3	3	4	5	6
4	4	4	4	4	5	6
5	5	5	5	5	5	6
6	6	6	6	6	6	6

⬅2 個のさいころの目の出方と，X（大きい方）の関係を示す表。

X	1	2	3	4	5	6	計
P	$\frac{1}{36}$	$\frac{3}{36}$	$\frac{5}{36}$	$\frac{7}{36}$	$\frac{9}{36}$	$\frac{11}{36}$	1

⬅すべての場合の確率の和は1になる。

(2) $P(2 \leqq X \leqq 4) = P(X=2) + P(X=3) + P(X=4)$

$$= \frac{3}{36} + \frac{5}{36} + \frac{7}{36} = \frac{15}{36} = \mathbf{\frac{5}{12}}$$

69 X のとり得る値は 0，1，2，3 である。

$$P(X=0) = \frac{{}_3C_3}{{}_7C_3} = \frac{1}{35}$$

$$P(X=1) = \frac{{}_4C_1 \times {}_3C_2}{{}_7C_3} = \frac{12}{35}$$

$$P(X=2) = \frac{{}_4C_2 \times {}_3C_1}{{}_7C_3} = \frac{18}{35}$$

$$P(X=3) = \frac{{}_4C_3}{{}_7C_3} = \frac{4}{35}$$

⬅7 枚のカードのうち，奇数は 4 枚，偶数は 3 枚ある。

よって，X の確率分布は次の表のようになる。

X	0	1	2	3	計
P	$\frac{1}{35}$	$\frac{12}{35}$	$\frac{18}{35}$	$\frac{4}{35}$	1

⬅すべての場合の確率の和は1になる。

70 (1) X のとり得る値は 200，150，100，50，0 である。

2 枚の 50 円硬貨を 50 円 A，50 円 B と区別して，

(100 円，50 円 A，50 円 B)

の順に表・裏の出方を書き表すことにすると，

X のそれぞれの値に対する表・裏の出方は次のようになる。

$X=200$ …… (表，表，表)

$X=150$ …… (表，表，裏)，(表，裏，表)

$X=100$ …… (表，裏，裏)，(裏，表，表)

$X=50$ …… (裏，表，裏)，(裏，裏，表)

$X=0$ …… (裏，裏，裏)

よって，X の確率分布は次の表のようになる。

X	0	50	100	150	200	計
P	$\frac{1}{8}$	$\frac{2}{8}$	$\frac{2}{8}$	$\frac{2}{8}$	$\frac{1}{8}$	1

(2) $P(X \geqq 100)=P(X=200)+P(X=150)+P(X=100)$

$=\frac{1}{8}+\frac{2}{8}+\frac{2}{8}=\frac{5}{8}$

⬅樹形図をかいて考えてもよい。(表→○，裏→×)

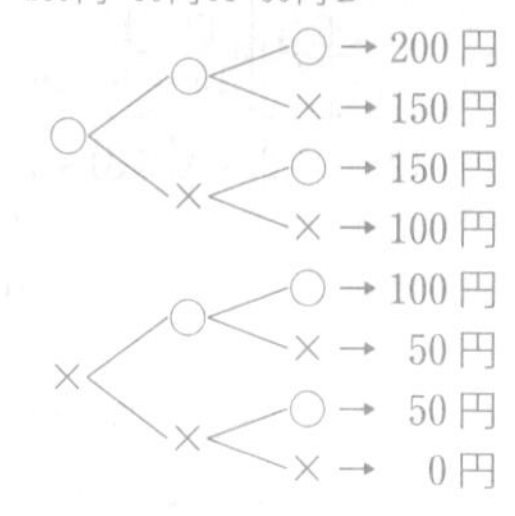

⬅すべての場合の確率の和は 1 になる。

71 X のとり得る値は 3，4，5，6 である。

$P(X=3)=\frac{{}_3C_3}{{}_8C_3}=\frac{1}{56}$

$P(X=4)=\frac{{}_3C_2\times{}_5C_1}{{}_8C_3}=\frac{15}{56}$

$P(X=5)=\frac{{}_3C_1\times{}_5C_2}{{}_8C_3}=\frac{30}{56}$

$P(X=6)=\frac{{}_5C_3}{{}_8C_3}=\frac{10}{56}$

よって，X の確率分布は次の表のようになる。

X	3	4	5	6	計
P	$\frac{1}{56}$	$\frac{15}{56}$	$\frac{30}{56}$	$\frac{10}{56}$	1

⬅取り出した球が 3 個とも 1 の球のとき

⬅取り出した球が 1 の球 2 個，2 の球 1 個のとき

⬅取り出した球が 1 の球 1 個，2 の球 2 個のとき

⬅取り出した球が 3 個とも 2 の球のとき

⬅すべての場合の確率の和は 1 になる。

JUMP 13

X のとり得る値は 1，2，3，4，5，6 である。

$X=1$ となるのは，3 回とも 1 の目が出るときで

$P(X=1)=\left(\frac{1}{6}\right)^3=\frac{1}{216}$

$X=2$ となるのは，

(ア) 2 の目が 1 回だけ出て，他の 2 回は 1 の目が出る

(イ) 2 の目が 2 回だけ出て，他の 1 回は 1 の目が出る

(ウ) 2 の目が 3 回とも出る

の 3 つの場合があるから

$P(X=2)={}_3C_1\times\frac{1}{6}\times\left(\frac{1}{6}\right)^2+{}_3C_2\times\left(\frac{1}{6}\right)^2\times\frac{1}{6}+\left(\frac{1}{6}\right)^3$

$=\frac{3}{216}+\frac{3}{216}+\frac{1}{216}=\frac{7}{216}$

同様にして，$X=3$，4，5，6 となる確率はそれぞれ

$P(X=3)={}_3C_1\times\frac{1}{6}\times\left(\frac{2}{6}\right)^2+{}_3C_2\times\left(\frac{1}{6}\right)^2\times\frac{2}{6}+\left(\frac{1}{6}\right)^3$

$=\frac{12}{216}+\frac{6}{216}+\frac{1}{216}=\frac{19}{216}$

考え方　$X=k$ となるのは 1 つの場合とは限らないので注意する。

⬅(ア)の場合

3 回中 1 回…${}_3C_1$

2 の目が 1 回…$\frac{1}{6}$

1 の目が 2 回…$\left(\frac{1}{6}\right)^2$

(イ)の場合

3 回中 2 回…${}_3C_2$

2 の目が 2 回…$\left(\frac{1}{6}\right)^2$

1 の目が 1 回…$\frac{1}{6}$

(ウ)の場合

2 の目が 3 回…$\left(\frac{1}{6}\right)^3$

$$P(X=4)={}_3C_1\times\frac{1}{6}\times\left(\frac{3}{6}\right)^2+{}_3C_2\times\left(\frac{1}{6}\right)^2\times\frac{3}{6}+\left(\frac{1}{6}\right)^3$$
$$=\frac{27}{216}+\frac{9}{216}+\frac{1}{216}=\frac{37}{216}$$
$$P(X=5)={}_3C_1\times\frac{1}{6}\times\left(\frac{4}{6}\right)^2+{}_3C_2\times\left(\frac{1}{6}\right)^2\times\frac{4}{6}+\left(\frac{1}{6}\right)^3$$
$$=\frac{48}{216}+\frac{12}{216}+\frac{1}{216}=\frac{61}{216}$$
$$P(X=6)={}_3C_1\times\frac{1}{6}\times\left(\frac{5}{6}\right)^2+{}_3C_2\times\left(\frac{1}{6}\right)^2\times\frac{5}{6}+\left(\frac{1}{6}\right)^3$$
$$=\frac{75}{216}+\frac{15}{216}+\frac{1}{216}=\frac{91}{216}$$

よって，X の確率分布は次の表のようになる。

X	1	2	3	4	5	6	計
P	$\frac{1}{216}$	$\frac{7}{216}$	$\frac{19}{216}$	$\frac{37}{216}$	$\frac{61}{216}$	$\frac{91}{216}$	1

⬅すべての場合の確率は 1 になる。

(参考) $P(X=2)$ は次のようにして求めることもできる。

$$P(X=2)=P(X\leqq 2)-P(X\leqq 1)$$
$$=\left(\frac{2}{6}\right)^3-\left(\frac{1}{6}\right)^3=\frac{8}{216}-\frac{1}{216}=\frac{7}{216}$$

⬅「出た目の最大値が 2」は，「3 回とも 1 か 2 が出る」から，一度も 2 が出ない「3 回とも 1 が出る」を除いたもの

同様にして，$X=3,\ 4,\ 5,\ 6$ となる確率はそれぞれ

$$P(X=3)=P(X\leqq 3)-P(X\leqq 2)=\left(\frac{3}{6}\right)^3-\left(\frac{2}{6}\right)^3=\frac{19}{216}$$
$$P(X=4)=P(X\leqq 4)-P(X\leqq 3)=\left(\frac{4}{6}\right)^3-\left(\frac{3}{6}\right)^3=\frac{37}{216}$$
$$P(X=5)=P(X\leqq 5)-P(X\leqq 4)=\left(\frac{5}{6}\right)^3-\left(\frac{4}{6}\right)^3=\frac{61}{216}$$
$$P(X=6)=P(X\leqq 6)-P(X\leqq 5)=\left(\frac{6}{6}\right)^3-\left(\frac{5}{6}\right)^3=\frac{91}{216}$$

14 確率変数の期待値 (p.32)

72 (1) X のとり得る値は 0，10，20 である。

$$P(X=0)=\frac{{}_8C_2}{{}_{10}C_2}=\frac{28}{45}$$
$$P(X=10)=\frac{{}_2C_1\times{}_8C_1}{{}_{10}C_2}=\frac{16}{45}$$
$$P(X=20)=\frac{{}_2C_2}{{}_{10}C_2}=\frac{1}{45}$$

よって，X の確率分布は次の表のようになる。

X	0	10	20	計
P	$\frac{28}{45}$	$\frac{16}{45}$	$\frac{1}{45}$	1

(2) 求める期待値 $E(X)$ は

$$E(X)=0\times\frac{28}{45}+10\times\frac{16}{45}+20\times\frac{1}{45}=\mathbf{4}$$

(3) $E(7X+30)=7E(X)+30$
$$=7\times 4+30=\mathbf{58}$$

(4) $E(X^2)=0^2\times\frac{28}{45}+10^2\times\frac{16}{45}+20^2\times\frac{1}{45}$
$$=\frac{2000}{45}=\mathbf{\frac{400}{9}}$$

確率変数の期待値

X	x_1 x_2 …… x_n	計
P	p_1 p_2 …… p_n	1

上のような確率変数 X の確率分布に対し
$E(X)=x_1p_1+x_2p_2+\cdots\cdots+x_np_n$

$aX+b$ の期待値
$E(aX+b)=aE(X)+b$

X^2 の期待値
$E(X^2)=x_1^2p_1+x_2^2p_2+\cdots\cdots+x_n^2p_n$

73 (1) X のとり得る値は 0，1，2，3 である。

$$P(X=0)=\frac{{}_3C_0}{2^3}=\frac{1}{8}$$

$$P(X=1)=\frac{{}_3C_1}{2^3}=\frac{3}{8}$$

$$P(X=2)=\frac{{}_3C_2}{2^3}=\frac{3}{8}$$

$$P(X=3)=\frac{{}_3C_3}{2^3}=\frac{1}{8}$$

であるから，X の確率分布は右の表のようになる。

X	0	1	2	3	計
P	$\frac{1}{8}$	$\frac{3}{8}$	$\frac{3}{8}$	$\frac{1}{8}$	1

よって，求める期待値 $E(X)$ は

$$E(X)=0\times\frac{1}{8}+1\times\frac{3}{8}+2\times\frac{3}{8}+3\times\frac{1}{8}=\frac{12}{8}=\mathbf{\frac{3}{2}}$$

(2) $E(10X+3)=10E(X)+3$

$$=10\times\frac{3}{2}+3=\mathbf{18}$$

74 (1) 1 のカードは 12 枚中 6 枚あるから，1 のカードを引く確率は

$$P(X=1)=\frac{6}{12}$$

同様にして X の確率分布を求めると，右の表のようになる。

X	1	2	3	4	計
P	$\frac{6}{12}$	$\frac{3}{12}$	$\frac{2}{12}$	$\frac{1}{12}$	1

⬅2 のカードは 3 枚
3 のカードは 2 枚
4 のカードは 1 枚

よって，求める期待値 $E(X)$ は

$$E(X)=1\times\frac{6}{12}+2\times\frac{3}{12}+3\times\frac{2}{12}+4\times\frac{1}{12}=\frac{22}{12}=\mathbf{\frac{11}{6}}$$

(2) $E(30X-10)=30E(X)-10$

$$=30\times\frac{11}{6}-10=\mathbf{45}$$

(3) $E(X^2)=1^2\times\frac{6}{12}+2^2\times\frac{3}{12}+3^2\times\frac{2}{12}+4^2\times\frac{1}{12}$

$$=\frac{52}{12}=\mathbf{\frac{13}{3}}$$

75 (1) もらえる金額を X とすると，X のとり得る値は 0，100，200，500，600 である。

$$P(X=0)=\frac{{}_6C_2}{{}_{10}C_2}=\frac{15}{45}$$

⬅はずれが 2 本のとき

$$P(X=100)=\frac{{}_3C_1\times{}_6C_1}{{}_{10}C_2}=\frac{18}{45}$$

⬅2 等 100 円が 1 本とはずれが 1 本のとき

$$P(X=200)=\frac{{}_3C_2}{{}_{10}C_2}=\frac{3}{45}$$

⬅2 等 100 円が 2 本のとき

$$P(X=500)=\frac{{}_1C_1\times{}_6C_1}{{}_{10}C_2}=\frac{6}{45}$$

⬅1 等 500 円が 1 本とはずれが 1 本のとき

$$P(X=600)=\frac{{}_1C_1\times{}_3C_1}{{}_{10}C_2}=\frac{3}{45}$$

⬅1 等 500 円 が 1 本 と 2 等 100 円が 1 本のとき

であるから，X の確率分布は右の表のようになる。

X	0	100	200	500	600	計
P	$\frac{15}{45}$	$\frac{18}{45}$	$\frac{3}{45}$	$\frac{6}{45}$	$\frac{3}{45}$	1

よって，もらえる金額の期待値は

$$E(X)=0\times\frac{15}{45}+100\times\frac{18}{45}+200\times\frac{3}{45}+500\times\frac{6}{45}+600\times\frac{3}{45}$$

$=$**160（円）**

(2) くじの当たった金額を Y，もらえる金額を Z とすると

$Z=2Y$

と表される。

ここで，Y の確率分布は，右の表のようになる。

Y	0	100	500	計
P	$\frac{6}{10}$	$\frac{3}{10}$	$\frac{1}{10}$	1

よって，くじの当たった金額の期待値は

$$E(Y)=0\times\frac{6}{10}+100\times\frac{3}{10}+500\times\frac{1}{10}=80$$

ゆえに，もらえる金額の期待値は

$$E(Z)=E(2Y)=2E(Y)=2\times80=\mathbf{160}\ \textbf{(円)}$$

←例えば，1等500円は10本中1本あるから $P(Y=500)=\frac{1}{10}$

←(1)，(2)の結果から，(ア)，(イ)のいずれの場合ももらえる金額の期待値は等しいことがわかる。

JUMP 14

考え方　求める座標 Y を X で表し，$E(aX+b)=aE(X)+b$ を用いて求める。

硬貨を4回投げるとき，表が X 回出るならば裏は $(4-X)$ 回出るから

$Y=3X+1\times(4-X)=2X+4$

X のとり得る値は 0，1，2，3，4 である。

$$P(X=0)={}_4C_0\left(\frac{1}{2}\right)^0\left(\frac{1}{2}\right)^4=\frac{1}{16}$$

$$P(X=1)={}_4C_1\left(\frac{1}{2}\right)^1\left(\frac{1}{2}\right)^3=\frac{4}{16}$$

$$P(X=2)={}_4C_2\left(\frac{1}{2}\right)^2\left(\frac{1}{2}\right)^2=\frac{6}{16}$$

$$P(X=3)={}_4C_3\left(\frac{1}{2}\right)^3\left(\frac{1}{2}\right)^1=\frac{4}{16}$$

$$P(X=4)={}_4C_4\left(\frac{1}{2}\right)^4\left(\frac{1}{2}\right)^0=\frac{1}{16}$$

であるから，X の確率分布は右の表のようになる。

X	0	1	2	3	4	計
P	$\frac{1}{16}$	$\frac{4}{16}$	$\frac{6}{16}$	$\frac{4}{16}$	$\frac{1}{16}$	1

よって，X の期待値は

$$E(X)=0\times\frac{1}{16}+1\times\frac{4}{16}+2\times\frac{6}{16}+3\times\frac{4}{16}+4\times\frac{1}{16}=2$$

ゆえに，Y の期待値は

$$E(Y)=E(2X+4)=2E(X)+4=2\times2+4=\mathbf{8}$$

15 確率変数の分散と標準偏差 (p.34)

(p.34)

確率変数の分散・標準偏差
分散
$V(X)=E(X^2)-\{E(X)\}^2$
標準偏差
$\sigma(X)=\sqrt{V(X)}=\sqrt{E(X^2)-\{E(X)\}^2}$

76 (1) X のとり得る値は 0，1，2 である。

$$P(X=0)=\frac{{}_2C_2}{{}_5C_2}=\frac{1}{10}$$

$$P(X=1)=\frac{{}_3C_1\times{}_2C_1}{{}_5C_2}=\frac{6}{10}$$

$$P(X=2)=\frac{{}_3C_2}{{}_5C_2}=\frac{3}{10}$$

であるから，X の確率分布は右の表のようになる。

X	0	1	2	計
P	$\frac{1}{10}$	$\frac{6}{10}$	$\frac{3}{10}$	1

X の期待値 $E(X)$ と，X^2 の期待値 $E(X^2)$ は

$$E(X)=0\times\frac{1}{10}+1\times\frac{6}{10}+2\times\frac{3}{10}=\frac{6}{5}$$

$$E(X^2)=0^2\times\frac{1}{10}+1^2\times\frac{6}{10}+2^2\times\frac{3}{10}=\frac{9}{5}$$

←公式 $V(X)=E(X^2)-\{E(X)\}^2$ を用いて求めたいので，$E(X)$ と $E(X^2)$ を求める。

よって，X の分散 $V(X)$ は

$$V(X)=E(X^2)-\{E(X)\}^2=\frac{9}{5}-\left(\frac{6}{5}\right)^2=\frac{\mathbf{9}}{\mathbf{25}}$$

(2) X の標準偏差 $\sigma(X)$ は

$$\sigma(X)=\sqrt{V(X)}=\sqrt{\frac{9}{25}}=\mathbf{\frac{3}{5}}$$

(3) $V(2X-3)=2^2V(X)=4\times\frac{9}{25}=\mathbf{\frac{36}{25}}$

$$\sigma(2X-3)=|2|\sigma(X)=2\times\frac{3}{5}=\mathbf{\frac{6}{5}}$$

別解 $\sigma(2X-3)=\sqrt{V(2X-3)}=\sqrt{\frac{36}{25}}=\mathbf{\frac{6}{5}}$

$aX+b$ の分散・標準偏差
$V(aX+b)=a^2V(X)$
$\sigma(aX+b)=|a|\sigma(X)$

77 X の期待値 $E(X)$ と，X^2 の期待値 $E(X^2)$ は

$$E(X)=1\times\frac{2}{8}+2\times\frac{3}{8}+4\times\frac{2}{8}+8\times\frac{1}{8}=\frac{24}{8}=3$$

$$E(X^2)=1^2\times\frac{2}{8}+2^2\times\frac{3}{8}+4^2\times\frac{2}{8}+8^2\times\frac{1}{8}=\frac{110}{8}=\frac{55}{4}$$

よって，X の分散 $V(X)$，標準偏差 $\sigma(X)$ は

$$V(X)=E(X^2)-\{E(X)\}^2=\frac{55}{4}-3^2=\mathbf{\frac{19}{4}}$$

$$\sigma(X)=\sqrt{V(X)}=\sqrt{\frac{19}{4}}=\mathbf{\frac{\sqrt{19}}{2}}$$

⬅ $V(X)=E((X-3)^2)$
$=(1-3)^2\times\frac{2}{8}+(2-3)^2\times\frac{3}{8}$
$+(4-3)^2\times\frac{2}{8}+(8-3)^2\times\frac{1}{8}$
$=\frac{38}{8}=\frac{19}{4}$
と求めてもよい。

78 X のとり得る値は 0，1，2，3，4 である。

$$P(X=0)=\frac{{}_4C_0}{2^4}=\frac{1}{16}$$

$$P(X=1)=\frac{{}_4C_1}{2^4}=\frac{4}{16}$$

$$P(X=2)=\frac{{}_4C_2}{2^4}=\frac{6}{16}$$

$$P(X=3)=\frac{{}_4C_3}{2^4}=\frac{4}{16}$$

$$P(X=4)=\frac{{}_4C_4}{2^4}=\frac{1}{16}$$

であるから，X の確率分布は次の表のようになる。

X	0	1	2	3	4	計
P	$\frac{1}{16}$	$\frac{4}{16}$	$\frac{6}{16}$	$\frac{4}{16}$	$\frac{1}{16}$	1

よって，X の期待値 $E(X)$ と，X^2 の期待値 $E(X^2)$ は

$$E(X)=0\times\frac{1}{16}+1\times\frac{4}{16}+2\times\frac{6}{16}+3\times\frac{4}{16}+4\times\frac{1}{16}=\frac{32}{16}=2$$

$$E(X^2)=0^2\times\frac{1}{16}+1^2\times\frac{4}{16}+2^2\times\frac{6}{16}+3^2\times\frac{4}{16}+4^2\times\frac{1}{16}=\frac{80}{16}=5$$

ゆえに，X の分散 $V(X)$，標準偏差 $\sigma(X)$ は

$$V(X)=E(X^2)-\{E(X)\}^2=5-2^2=\mathbf{1}$$

$$\sigma(X)=\sqrt{V(X)}=\sqrt{1}=\mathbf{1}$$

⬅ $V(X)=E((X-2)^2)$
$=(0-2)^2\times\frac{1}{16}+(1-2)^2\times\frac{4}{16}$
$+(2-2)^2\times\frac{6}{16}+(3-2)^2\times\frac{4}{16}$
$+(4-2)^2\times\frac{1}{16}$
$=\frac{16}{16}=1$
と求めてもよい。

79 $V(-4X-7)=(-4)^2V(X)=16\times6=\mathbf{96}$

$$\sigma(-4X-7)=|-4|\sigma(X)=4\times\sqrt{V(X)}=\mathbf{4\sqrt{6}}$$

別解 $\sigma(-4X-7)=\sqrt{V(-4X-7)}=\sqrt{96}=\mathbf{4\sqrt{6}}$

80 (1) 引いたくじに含まれる当たりくじの本数を X，もらえる金額を Y（円）とすると，Y は $Y=200X+300$ と表される。

$P(X=0)=\dfrac{{}_3C_3}{{}_6C_3}=\dfrac{1}{20}$

$P(X=1)=\dfrac{{}_3C_1\times{}_3C_2}{{}_6C_3}=\dfrac{9}{20}$

$P(X=2)=\dfrac{{}_3C_2\times{}_3C_1}{{}_6C_3}=\dfrac{9}{20}$

$P(X=3)=\dfrac{{}_3C_3}{{}_6C_3}=\dfrac{1}{20}$

であるから，X の確率分布は右の表のようになる。

X	0	1	2	3	計
P	$\frac{1}{20}$	$\frac{9}{20}$	$\frac{9}{20}$	$\frac{1}{20}$	1

よって，X の期待値 $E(X)$ は

$$E(X)=0\times\frac{1}{20}+1\times\frac{9}{20}+2\times\frac{9}{20}+3\times\frac{1}{20}=\frac{30}{20}=\frac{3}{2}$$

ゆえに，もらえる金額の期待値は

$$E(Y)=E(200X+300)=200E(X)+300$$
$$=200\times\frac{3}{2}+300=\mathbf{600}\ \textbf{(円)}$$

(2) $E(X^2)=0^2\times\dfrac{1}{20}+1^2\times\dfrac{9}{20}+2^2\times\dfrac{9}{20}+3^2\times\dfrac{1}{20}=\dfrac{54}{20}$

であるから，X の標準偏差 $\sigma(X)$ は

$$\sigma(X)=\sqrt{E(X^2)-\{E(X)\}^2}$$
$$=\sqrt{\frac{54}{20}-\left(\frac{3}{2}\right)^2}=\sqrt{\frac{9}{20}}=\frac{3}{2\sqrt{5}}=\frac{3\sqrt{5}}{10}$$

よって，もらえる金額の標準偏差は

$$\sigma(Y)=\sigma(200X+300)=|200|\sigma(X)$$
$$=200\times\frac{3\sqrt{5}}{10}=\mathbf{60\sqrt{5}}\ \textbf{(円)}$$

JUMP 15

考え方　表の出る枚数を X，もらえる金額を Y として，$Y=aX+b$ の形で表す。

表の出る硬貨の枚数を X とすると，裏の出る枚数は $3-X$ と表されるから，もらえる金額を Y（円）とするとき

$$Y=aX+b(3-X)=(a-b)X+3b$$

←表の硬貨1枚につき a 円，裏の硬貨1枚につき b 円

ここで，X の確率分布は右の表のようになる。

X	0	1	2	3	計
P	$\frac{1}{8}$	$\frac{3}{8}$	$\frac{3}{8}$	$\frac{1}{8}$	1

←$P(X=0)=\dfrac{{}_3C_0}{2^3}=\dfrac{1}{8}$，$P(X=1)=\dfrac{{}_3C_1}{2^3}=\dfrac{3}{8}$，$P(X=2)=\dfrac{{}_3C_2}{2^3}=\dfrac{3}{8}$，$P(X=3)=\dfrac{{}_3C_3}{2^3}=\dfrac{1}{8}$

X の期待値 $E(X)$，X^2 の期待値 $E(X^2)$ は

$$E(X)=0\times\frac{1}{8}+1\times\frac{3}{8}+2\times\frac{3}{8}+3\times\frac{1}{8}=\frac{12}{8}=\frac{3}{2}$$

$$E(X^2)=0^2\times\frac{1}{8}+1^2\times\frac{3}{8}+2^2\times\frac{3}{8}+3^2\times\frac{1}{8}=\frac{24}{8}=3$$

よって，X の標準偏差 $\sigma(X)$ は

$$\sigma(X)=\sqrt{E(X^2)-\{E(X)\}^2}=\sqrt{3-\left(\frac{3}{2}\right)^2}=\sqrt{\frac{3}{4}}=\frac{\sqrt{3}}{2}$$

ゆえに，Y の期待値 $E(Y)$ は

$$E(Y)=(a-b)E(X)+3b=\frac{3}{2}(a-b)+3b=\frac{3}{2}a+\frac{3}{2}b$$

また，Y の標準偏差 $\sigma(Y)$ は，$a>b$ より

$$\sigma(Y)=|a-b|\sigma(X)=(a-b)\frac{\sqrt{3}}{2}$$

←$a-b\geqq 0$ のとき $|a-b|=a-b$，$a-b<0$ のとき $|a-b|=-(a-b)$

したがって

$$\frac{3}{2}a+\frac{3}{2}b=45,\ (a-b)\frac{\sqrt{3}}{2}=5\sqrt{3}$$

これを解くと　$\boldsymbol{a=20,\ b=10}$

16 確率変数の和と積 (p.36)

81 (1) X の確率分布は次の表のようになる。

X	1	2	3	4	計
P	$\frac{1}{4}$	$\frac{1}{4}$	$\frac{1}{4}$	$\frac{1}{4}$	1

また，Y の確率分布は次の表のようになる。

Y	1	2	3	計
P	$\frac{1}{3}$	$\frac{1}{3}$	$\frac{1}{3}$	1

よって，期待値 $E(X)$，$E(Y)$ は

$$\boldsymbol{E(X)}=1\times\frac{1}{4}+2\times\frac{1}{4}+3\times\frac{1}{4}+4\times\frac{1}{4}=\boldsymbol{\frac{5}{2}}$$

$$\boldsymbol{E(Y)}=1\times\frac{1}{3}+2\times\frac{1}{3}+3\times\frac{1}{3}=\mathbf{2}$$

(2) $E(X+Y)=E(X)+E(Y)=\frac{5}{2}+2=\boldsymbol{\frac{9}{2}}$

(3) X，Y は独立であるから

$$E(XY)=E(X)\cdot E(Y)=\frac{5}{2}\times 2=\mathbf{5}$$

(4) $E(X^2)=1^2\times\frac{1}{4}+2^2\times\frac{1}{4}+3^2\times\frac{1}{4}+4^2\times\frac{1}{4}=\frac{30}{4}$

であるから

$$V(X)=E(X^2)-\{E(X)\}^2=\frac{30}{4}-\left(\frac{5}{2}\right)^2=\frac{5}{4}$$

また

$$E(Y^2)=1^2\times\frac{1}{3}+2^2\times\frac{1}{3}+3^2\times\frac{1}{3}=\frac{14}{3}$$

であるから

$$V(Y)=E(Y^2)-\{E(Y)\}^2=\frac{14}{3}-2^2=\frac{2}{3}$$

X，Y は独立であるから

$$V(X+Y)=V(X)+V(Y)=\frac{5}{4}+\frac{2}{3}=\boldsymbol{\frac{23}{12}}$$

82 (1) X の確率分布は次の表のようになる。

X	0	100	200	計
P	$\frac{1}{4}$	$\frac{2}{4}$	$\frac{1}{4}$	1

また，Y の確率分布は次の表のようになる。

Y	0	50	100	計
P	$\frac{1}{4}$	$\frac{2}{4}$	$\frac{1}{4}$	1

よって，X，Y の期待値 $E(X)$，$E(Y)$ は

$$E(X)=0\times\frac{1}{4}+100\times\frac{2}{4}+200\times\frac{1}{4}=\mathbf{100}$$

$$E(Y)=0\times\frac{1}{4}+50\times\frac{2}{4}+100\times\frac{1}{4}=\mathbf{50}$$

(2) $E(X+Y)=E(X)+E(Y)=100+50=\mathbf{150}$

確率変数の和と積
① $E(X+Y)$
$=E(X)+E(Y)$
X，Y が独立であるとき
② $E(XY)$
$=E(X)\cdot E(Y)$
③ $V(X+Y)$
$=V(X)+V(Y)$

⬅X，Y が独立であってもなくても，常に成り立つ。

⬅箱Aから球を取り出す試行と，箱Bから球を取り出す試行は独立であるから，X，Y は独立である。

⬅X，Y が独立であってもなくても，常に成り立つ。

(3) X, Y は独立であるから

$E(XY)=E(X)\cdot E(Y)=100\times 50=\mathbf{5000}$

←100円硬貨を投げる試行と50円硬貨を投げる試行は独立であるから，X，Y は独立である。

(4) $E(X^2)=0^2\times\frac{1}{4}+100^2\times\frac{2}{4}+200^2\times\frac{1}{4}=15000$

であるから

$V(X)=E(X^2)-\{E(X)\}^2=15000-100^2=5000$

また

$E(Y^2)=0^2\times\frac{1}{4}+50^2\times\frac{2}{4}+100^2\times\frac{1}{4}=3750$

であるから

$V(Y)=E(Y^2)-\{E(Y)\}^2=3750-50^2=1250$

X，Y は独立であるから

$V(X+Y)=V(X)+V(Y)=5000+1250=\mathbf{6250}$

83 (1) X について

$P(X=0)=\frac{{}_2C_2}{{}_5C_2}=\frac{1}{10}$

$P(X=1)=\frac{{}_3C_1\times{}_2C_1}{{}_5C_2}=\frac{6}{10}$

$P(X=2)=\frac{{}_3C_2}{{}_5C_2}=\frac{3}{10}$

であるから，X の確率分布は右の表のようになる。

X	0	1	2	計
P	$\frac{1}{10}$	$\frac{6}{10}$	$\frac{3}{10}$	1

また，Y について

$P(Y=0)=\frac{{}_3C_2}{{}_4C_2}=\frac{3}{6}$

$P(Y=1)=\frac{{}_1C_1\times{}_3C_1}{{}_4C_2}=\frac{3}{6}$

であるから，Y の確率分布は右の表のようになる。

Y	0	1	計
P	$\frac{3}{6}$	$\frac{3}{6}$	1

よって，期待値 $E(X)$，$E(Y)$ は

$E(X)=0\times\frac{1}{10}+1\times\frac{6}{10}+2\times\frac{3}{10}=\frac{12}{10}=\frac{6}{5}$

$E(Y)=0\times\frac{3}{6}+1\times\frac{3}{6}=\frac{1}{2}$

X，Y は独立であるから

$E(XY)=E(X)\cdot E(Y)=\frac{6}{5}\times\frac{1}{2}=\mathbf{\frac{3}{5}}$

←箱Aから球を取り出す試行と箱Bから球を取り出す試行は独立であるから，X，Y は独立である。

(2) $E(X^2)=0^2\times\frac{1}{10}+1^2\times\frac{6}{10}+2^2\times\frac{3}{10}=\frac{18}{10}=\frac{9}{5}$

であるから

$V(X)=E(X^2)-\{E(X)\}^2=\frac{9}{5}-\left(\frac{6}{5}\right)^2=\frac{9}{25}$

また

$E(Y^2)=0^2\times\frac{3}{6}+1^2\times\frac{3}{6}=\frac{1}{2}$

であるから

$V(Y)=E(Y^2)-\{E(Y)\}^2=\frac{1}{2}-\left(\frac{1}{2}\right)^2=\frac{1}{4}$

X，Y は独立であるから

$V(X+Y)=V(X)+V(Y)=\frac{9}{25}+\frac{1}{4}=\mathbf{\frac{61}{100}}$

JUMP 16

Z は10の位が X，1の位が Y であるから

$$Z=10X+Y$$

と表される。

X について

$$P(X=1)=\frac{1}{6},\ P(X=2)=\frac{2}{6},\ P(X=3)=\frac{3}{6}$$

Y についても同様に

$$P(Y=1)=\frac{1}{6},\ P(Y=2)=\frac{2}{6},\ P(Y=3)=\frac{3}{6}$$

であるから，X，Y の確率分布はともに次の表のようになる。

$X(Y)$	1	2	3	計
P	$\frac{1}{6}$	$\frac{2}{6}$	$\frac{3}{6}$	1

よって，期待値 $E(X)$，$E(Y)$ は

$$E(X)=E(Y)=1\times\frac{1}{6}+2\times\frac{2}{6}+3\times\frac{3}{6}=\frac{14}{6}=\frac{7}{3}$$

ゆえに，Z の期待値 $E(Z)$ は

$$E(Z)=E(10X+Y)=10E(X)+E(Y)$$
$$=10\times\frac{7}{3}+\frac{7}{3}=\mathbf{\frac{77}{3}}$$

また，期待値 $E(X^2)$，$E(Y^2)$ は

$$E(X^2)=E(Y^2)=1^2\times\frac{1}{6}+2^2\times\frac{2}{6}+3^2\times\frac{3}{6}=\frac{36}{6}=6$$

したがって，分散 $V(X)$，$V(Y)$ は

$$V(X)=V(Y)=E(X^2)-\{E(X)\}^2=6-\left(\frac{7}{3}\right)^2=\frac{5}{9}$$

X，Y は独立であるから，Z の分散 $V(Z)$ は

$$V(Z)=V(10X+Y)=10^2V(X)+V(Y)$$
$$=10^2\times\frac{5}{9}+\frac{5}{9}=\mathbf{\frac{505}{9}}$$

考え方 $Z=10X+Y$ と表される。

⬅1の球が1個
2の球が2個
3の球が3個

⬅$10X=X'$ とすると
$E(10X+Y)$
$=E(X'+Y)$
$=E(X')+E(Y)$
$=E(10X)+E(Y)$
$=10E(X)+E(Y)$

⬅$10X=X'$ とすると
$V(10X+Y)$
$=V(X'+Y)$
$=V(X')+V(Y)$
$=V(10X)+V(Y)$
$=10^2V(X)+V(Y)$

17 二項分布 (p.38)

84 硬貨を1回だけ投げるとき，表の出る確率 p は　$p=\frac{1}{2}$

よって，X は二項分布 $B\left(5,\ \frac{1}{2}\right)$ に従うから

$$P(X=r)={}_5C_r\left(\frac{1}{2}\right)^r\left(1-\frac{1}{2}\right)^{5-r}\quad(r=0,1,2,3,4,5)$$

ゆえに

$$P(2\leqq X\leqq 3)=P(X=2)+P(X=3)$$
$$={}_5C_2\left(\frac{1}{2}\right)^2\left(\frac{1}{2}\right)^3+{}_5C_3\left(\frac{1}{2}\right)^3\left(\frac{1}{2}\right)^2$$
$$=10\times\frac{1}{32}+10\times\frac{1}{32}=\frac{10}{32}+\frac{10}{32}=\frac{20}{32}=\mathbf{\frac{5}{8}}$$

二項分布
$P(X=r)={}_nC_rp^rq^{n-r}$
$(r=0,1,2,\cdots,n)$
であるような確率変数 X の確率分布を，二項分布という。
$(0\leqq p\leqq 1,\ q=1-p)$
二項分布は $B(n,\ p)$ と表す。

85 さいころを1回だけ投げて6の目が出る確率 p は　$p=\frac{1}{6}$

よって，X は二項分布 $B\left(120,\ \frac{1}{6}\right)$ に従うから，

X の期待値 $E(X)$，分散 $V(X)$，標準偏差 $\sigma(X)$ は

$E(X)=120\times\frac{1}{6}=\mathbf{20}$

$V(X)=120\times\frac{1}{6}\times\left(1-\frac{1}{6}\right)=\mathbf{\frac{50}{3}}$

$\sigma(X)=\sqrt{\frac{50}{3}}=\frac{5\sqrt{2}}{\sqrt{3}}=\mathbf{\frac{5\sqrt{6}}{3}}$

> **二項分布の期待値・分散・標準偏差**
> 確率変数 X が二項分布 $B(n,\ p)$ に従うとき，
> $E(X)=np$
> $V(X)=npq$
> $\sigma(X)=\sqrt{npq}$
> ただし，$q=1-p$

86 (1) 球を 1 回だけ取り出すとき，偶数の球を取り出す確率 p は

$p=\frac{2}{5}$

← 1 から 5 までのうち偶数は 2 と 4 の 2 個

よって，X は二項分布 $B\left(3,\ \frac{2}{5}\right)$ に従うから

$P(X=r)={}_3C_r\left(\frac{2}{5}\right)^r\left(1-\frac{2}{5}\right)^{3-r}\quad(r=0, 1, 2, 3)$

ゆえに　$P(X=2)={}_3C_2\left(\frac{2}{5}\right)^2\left(\frac{3}{5}\right)^1=3\times\frac{12}{125}=\mathbf{\frac{36}{125}}$

(2) $P(X\leqq1)=P(X=0)+P(X=1)$

$={}_3C_0\left(\frac{2}{5}\right)^0\left(\frac{3}{5}\right)^3+{}_3C_1\left(\frac{2}{5}\right)^1\left(\frac{3}{5}\right)^2$

$=1\times\frac{27}{125}+3\times\frac{18}{125}=\frac{27}{125}+\frac{54}{125}=\mathbf{\frac{81}{125}}$

87 硬貨を 1 回だけ投げるとき，表が出る確率 p は　$p=\frac{1}{2}$

よって，X は二項分布 $B\left(500,\ \frac{1}{2}\right)$ に従うから，

X の期待値 $E(X)$ と標準偏差 $\sigma(X)$ は

$E(X)=500\times\frac{1}{2}=\mathbf{250}$

$\sigma(X)=\sqrt{500\times\frac{1}{2}\times\left(1-\frac{1}{2}\right)}=\sqrt{\frac{500}{4}}=\frac{10\sqrt{5}}{2}=\mathbf{5\sqrt{5}}$

88 2 枚の硬貨を 1 回だけ同時に投げるとき，表が 1 枚だけ出る確率

p は　$p=\frac{2}{4}=\frac{1}{2}$

← 2 枚の硬貨の出方は全部で $2^2=4$（通り），表が 1 枚だけ出る出方は 2 通り。

よって，X は二項分布 $B\left(4,\ \frac{1}{2}\right)$ に従うから

$P(X=r)={}_4C_r\left(\frac{1}{2}\right)^r\left(1-\frac{1}{2}\right)^{4-r}\quad(r=0, 1, 2, 3, 4)$

ゆえに

$P(X\geqq2)=P(X=2)+P(X=3)+P(X=4)$

$={}_4C_2\left(\frac{1}{2}\right)^2\left(\frac{1}{2}\right)^2+{}_4C_3\left(\frac{1}{2}\right)^3\left(\frac{1}{2}\right)^1+{}_4C_4\left(\frac{1}{2}\right)^4\left(\frac{1}{2}\right)^0$

$=6\times\frac{1}{16}+4\times\frac{1}{16}+1\times\frac{1}{16}$

$=\frac{6}{16}+\frac{4}{16}+\frac{1}{16}=\mathbf{\frac{11}{16}}$

別解　$P(X\geqq2)=1-P(X\leqq1)$

$=1-\{P(X=0)+P(X=1)\}$

$=1-\left\{{}_4C_0\left(\frac{1}{2}\right)^0\left(\frac{1}{2}\right)^4+{}_4C_1\left(\frac{1}{2}\right)^1\left(\frac{1}{2}\right)^3\right\}$

$=1-\left(1\times\frac{1}{16}+4\times\frac{1}{16}\right)=1-\frac{5}{16}=\mathbf{\frac{11}{16}}$

← $X\geqq2$ である事象は，$X\leqq1$ である事象の余事象。事象 A とその余事象 $\overline{A}$ について
$P(\overline{A})=1-P(A)$

89 2枚の硬貨を1回だけ同時に投げるとき，
2枚とも表が出る確率 p は

$p=\frac{1}{4}$

よって，X は二項分布 $B\left(80,\ \frac{1}{4}\right)$ に従うから，
X の期待値 $E(X)$ と分散 $V(X)$ は

$E(X)=80\times\frac{1}{4}=\mathbf{20}$

$V(X)=80\times\frac{1}{4}\times\left(1-\frac{1}{4}\right)=\mathbf{15}$

90 1人を選んだとき，その人が4月生まれである確率 p は

$p=\frac{30}{365}=\frac{6}{73}$

←4月は30日間ある。

よって，X は二項分布 $B\left(100,\ \frac{6}{73}\right)$ に従うから，
X の期待値 $E(X)$ と標準偏差 $\sigma(X)$ は

$E(X)=100\times\frac{6}{73}=\mathbf{\frac{600}{73}}$

$\sigma(X)=\sqrt{100\times\frac{6}{73}\times\left(1-\frac{6}{73}\right)}=\sqrt{\frac{10^2\times6\times67}{73^2}}=\mathbf{\frac{10\sqrt{402}}{73}}$

JUMP 17

考え方 5以上の目が出る回数を X，合計得点を Y として，$Y=aX+b$ の形で表す。

5以上の目が出る回数を X とすると，
4以下の目が出る回数は $30-X$ であるから，
合計得点を Y とするとき

$Y=4X+2(30-X)=2X+60$

さいころを1回だけ投げて5以上の目が出る確率 p は

$p=\frac{2}{6}=\frac{1}{3}$

よって，X は二項分布 $B\left(30,\ \frac{1}{3}\right)$ に従うから，
X の期待値 $E(X)$ と標準偏差 $\sigma(X)$ は

$E(X)=30\times\frac{1}{3}=10$

$\sigma(X)=\sqrt{30\times\frac{1}{3}\times\left(1-\frac{1}{3}\right)}=\sqrt{\frac{60}{9}}=\frac{2\sqrt{15}}{3}$

ゆえに，合計得点 Y の期待値 $E(Y)$ と標準偏差 $\sigma(Y)$ は

$E(Y)=E(2X+60)=2E(X)+60=2\times10+60=\mathbf{80}$ **(点)**

←$E(aX+b)=aE(X)+b$

$\sigma(Y)=\sigma(2X+60)=|2|\sigma(X)=2\times\frac{2\sqrt{15}}{3}=\mathbf{\frac{4\sqrt{15}}{3}}$ **(点)**

←$\sigma(aX+b)=|a|\sigma(X)$

まとめの問題　確率分布(p.40)

1 (1) X のとり得る値は0，1，2である。

$P(X=0)=\frac{{}_4C_2}{{}_{10}C_2}=\frac{6}{45}$

$P(X=1)=\frac{{}_6C_1\times{}_4C_1}{{}_{10}C_2}=\frac{24}{45}$

$P(X=2)=\frac{{}_6C_2}{{}_{10}C_2}=\frac{15}{45}$

よって，X の確率分布は次の表のようになる。

X	0	1	2	計
P	$\frac{6}{45}$	$\frac{24}{45}$	$\frac{15}{45}$	1

(2) $P(X \leqq 1)=P(X=0)+P(X=1)$

$$=\frac{6}{45}+\frac{24}{45}=\frac{30}{45}=\mathbf{\frac{2}{3}}$$

2 (1) 1 のカードは 15 枚中 4 枚あるから，1 のカードを引く確率は

$$P(X=1)=\frac{4}{15}$$

同様にして X の確率分布を求めると，右の表のようになる。

X	1	2	3	4	計
P	$\frac{4}{15}$	$\frac{3}{15}$	$\frac{2}{15}$	$\frac{6}{15}$	1

⬅2 のカードは 3 枚
3 のカードは 2 枚
4 のカードは 6 枚

よって，求める期待値 $E(X)$ は

$$E(X)=1\times\frac{4}{15}+2\times\frac{3}{15}+3\times\frac{2}{15}+4\times\frac{6}{15}=\frac{40}{15}=\mathbf{\frac{8}{3}}$$

(2) $E(Y)=E(30X+5)=30E(X)+5$

$$=30\times\frac{8}{3}+5=\mathbf{85}$$

⬅$E(aX+b)=aE(X)+b$

3 X の期待値 $E(X)$ と，X^2 の期待値 $E(X^2)$ は

$$E(X)=2\times\frac{4}{10}+4\times\frac{3}{10}+6\times\frac{2}{10}+8\times\frac{1}{10}=\frac{40}{10}=4$$

$$E(X^2)=2^2\times\frac{4}{10}+4^2\times\frac{3}{10}+6^2\times\frac{2}{10}+8^2\times\frac{1}{10}=\frac{200}{10}=20$$

よって，X の分散 $V(X)$，標準偏差 $\sigma(X)$ は

$$V(X)=E(X^2)-\{E(X)\}^2=20-4^2=\mathbf{4}$$

$$\sigma(X)=\sqrt{V(X)}=\sqrt{4}=\mathbf{2}$$

⬅$V(X)=E(X^2)-\{E(X)\}^2$
$\sigma(X)=\sqrt{V(X)}$
$=\sqrt{E(X^2)-\{E(X)\}^2}$

4 (1) 引いたくじに含まれる当たりくじの本数を X 本，もらえる金額を Y 円とすれば，
Y は $Y=100X+200$ と表される。

$$P(X=0)=\frac{{}_6C_3}{{}_{10}C_3}=\frac{20}{120}$$

$$P(X=1)=\frac{{}_4C_1\times{}_6C_2}{{}_{10}C_3}=\frac{60}{120}$$

$$P(X=2)=\frac{{}_4C_2\times{}_6C_1}{{}_{10}C_3}=\frac{36}{120}$$

$$P(X=3)=\frac{{}_4C_3}{{}_{10}C_3}=\frac{4}{120}$$

であるから，X の確率分布は右の表のようになる。

X	0	1	2	3	計
P	$\frac{20}{120}$	$\frac{60}{120}$	$\frac{36}{120}$	$\frac{4}{120}$	1

よって，X の期待値 $E(X)$ は

$$E(X)=0\times\frac{20}{120}+1\times\frac{60}{120}+2\times\frac{36}{120}+3\times\frac{4}{120}$$

$$=0+1\times\frac{15}{30}+2\times\frac{9}{30}+3\times\frac{1}{30}=\frac{36}{30}=\frac{6}{5}\ (本)$$

ゆえに，もらえる金額の期待値は

$$E(Y)=E(100X+200)=100E(X)+200$$

$$=100\times\frac{6}{5}+200=\mathbf{320\ (円)}$$

⬅$E(aX+b)=aE(X)+b$

(2) $E(X^2)=0^2\times\frac{20}{120}+1^2\times\frac{60}{120}+2^2\times\frac{36}{120}+3^2\times\frac{4}{120}$

$=0+1\times\frac{15}{30}+4\times\frac{9}{30}+9\times\frac{1}{30}=\frac{60}{30}=2$

であるから，X の標準偏差 $\sigma(X)$ は

$\sigma(X)=\sqrt{E(X^2)-\{E(X)\}^2}$

$=\sqrt{2-\left(\frac{6}{5}\right)^2}=\sqrt{\frac{14}{25}}=\frac{\sqrt{14}}{5}$

よって，もらえる金額の標準偏差は

$\sigma(Y)=\sigma(100X+200)=|100|\sigma(X)$

$=100\times\frac{\sqrt{14}}{5}=\mathbf{20\sqrt{14}}$ **(円)**

⬅ $\sigma(aX+b)=|a|\sigma(X)$

5 (1) X について

$P(X=0)=\frac{1}{2}$

$P(X=1)=\frac{1}{2}$

であるから，X の確率分布は右の表のようになる。

X	0	100	計
P	$\frac{1}{2}$	$\frac{1}{2}$	1

また，Y について

$P(Y=0)=\frac{{}_3C_0}{2^3}=\frac{1}{8}$

$P(Y=1)=\frac{{}_3C_1}{2^3}=\frac{3}{8}$

$P(Y=2)=\frac{{}_3C_2}{2^3}=\frac{3}{8}$

$P(Y=3)=\frac{{}_3C_3}{2^3}=\frac{1}{8}$

であるから，Y の確率分布は右の表のようになる。

Y	0	50	100	150	計
P	$\frac{1}{8}$	$\frac{3}{8}$	$\frac{3}{8}$	$\frac{1}{8}$	1

よって，期待値 $E(X)$，$E(Y)$ は

$E(X)=0\times\frac{1}{2}+100\times\frac{1}{2}=\mathbf{50}$ **(円)**

$E(Y)=0\times\frac{1}{8}+50\times\frac{3}{8}+100\times\frac{3}{8}+150\times\frac{1}{8}=\mathbf{75}$ **(円)**

(2) $E(X+Y)=E(X)+E(Y)=50+75=\mathbf{125}$ **(円)**

⬅ X，Y が独立であってもなくても，常に成り立つ。

(3) X，Y は独立であるから

$E(XY)=E(X)\cdot E(Y)=50\times75=\mathbf{3750}$

⬅100円硬貨を投げる試行と，50円硬貨を投げる試行は独立であるから，X，Y は独立である。

(4) $E(X^2)=0^2\times\frac{1}{2}+100^2\times\frac{1}{2}=5000$

であるから

$V(X)=E(X^2)-\{E(X)\}^2=5000-50^2=2500$

また

$E(Y^2)=0^2\times\frac{1}{8}+50^2\times\frac{3}{8}+100^2\times\frac{3}{8}+150^2\times\frac{1}{8}$

$=7500$

であるから

$V(Y)=E(Y^2)-\{E(Y)\}^2=7500-75^2=1875$

X，Y は独立であるから

$V(X+Y)=V(X)+V(Y)=2500+1875=\mathbf{4375}$

6 さいころを1回だけ投げるとき，3の倍数の目が出る確率 p は

$$p=\frac{2}{6}=\frac{1}{3}$$

よって，X は二項分布 $B\left(5,\ \frac{1}{3}\right)$ に従うから

$$P(X=r)={}_5\mathrm{C}_r\left(\frac{1}{3}\right)^r\left(1-\frac{1}{3}\right)^{5-r}\quad(r=0,1,2,3,4,5)$$

ゆえに

$$\begin{aligned}P(X\leqq 3)&=1-P(X\geqq 4)\\&=1-\{P(X=4)+P(X=5)\}\\&=1-\left\{{}_5\mathrm{C}_4\left(\frac{1}{3}\right)^4\left(\frac{2}{3}\right)^1+{}_5\mathrm{C}_5\left(\frac{1}{3}\right)^5\left(\frac{2}{3}\right)^0\right\}\\&=1-\left(5\times\frac{2}{243}+1\times\frac{1}{243}\right)\\&=1-\frac{11}{243}=\mathbf{\frac{232}{243}}\end{aligned}$$

⬅$X\leqq 3$ である事象は，$X\geqq 4$ である事象の余事象。

7 1個の製品を取り出すとき，その製品が良品である確率 p は

$$p=\frac{95}{100}=\frac{19}{20}$$

よって，X は二項分布 $B\left(200,\ \frac{19}{20}\right)$ に従うから，

X の期待値 $E(X)$，分散 $V(X)$，標準偏差 $\sigma(X)$ は

$$E(X)=200\times\frac{19}{20}=\mathbf{190}$$

$$V(X)=200\times\frac{19}{20}\times\left(1-\frac{19}{20}\right)=\mathbf{\frac{19}{2}}$$

$$\sigma(X)=\sqrt{V(X)}=\sqrt{\frac{19}{2}}=\mathbf{\frac{\sqrt{38}}{2}}$$

⬅確率変数 X が二項分布 $B(n,\ p)$ に従うとき
$E(X)=np$
$V(X)=npq$
$\sigma(X)=\sqrt{npq}$
ただし，$q=1-p$

18 正規分布(p.42)

91 (1) $P(0\leqq X\leqq 1)$ は，下図の斜線部分の面積に等しいから

$$P(0\leqq X\leqq 1)=\frac{1}{2}\times1\times1=\mathbf{\frac{1}{2}}$$

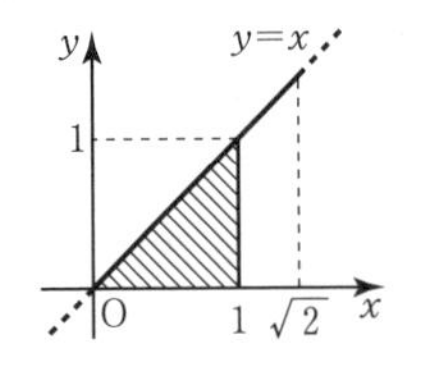

別解 $P(0\leqq X\leqq 1)$

$$=\int_0^1 x\,dx$$

$$=\left[\frac{1}{2}x^2\right]_0^1=\frac{1}{2}(1-0)=\mathbf{\frac{1}{2}}$$

⬅定積分
$P(a\leqq x\leqq b)=\int_a^b f(x)\,dx$

(2) $P(1\leqq X\leqq\sqrt{2})$ は，下図の斜線部分の面積に等しいから

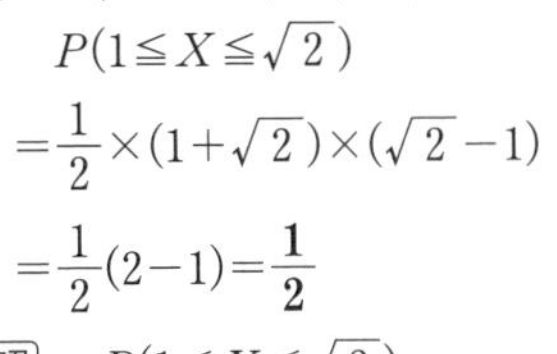

$P(1\leqq X\leqq\sqrt{2})$

$$=\frac{1}{2}\times(1+\sqrt{2})\times(\sqrt{2}-1)$$

$$=\frac{1}{2}(2-1)=\mathbf{\frac{1}{2}}$$

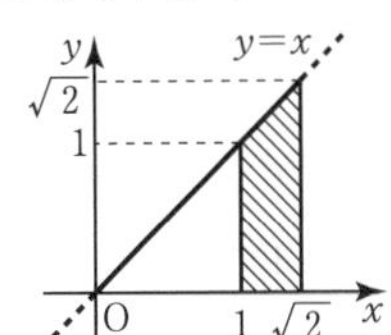

⬅台形の面積の公式
$\frac{1}{2}\times$(上底＋下底)×高さ

別解 $P(1\leqq X\leqq\sqrt{2})$

$$=\int_1^{\sqrt{2}} x\,dx$$

$$=\left[\frac{1}{2}x^2\right]_1^{\sqrt{2}}=\frac{1}{2}(2-1)=\mathbf{\frac{1}{2}}$$

⬅定積分
$P(a\leqq x\leqq b)=\int_a^b f(x)\,dx$

92 (1) $P(0 \leqq Z \leqq 2.5)=\mathbf{0.4938}$

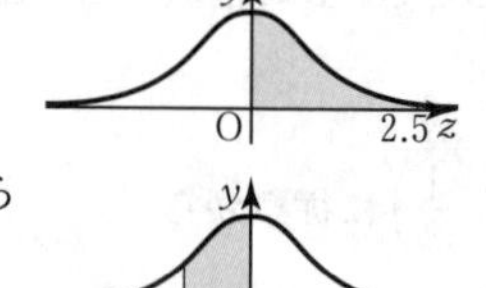
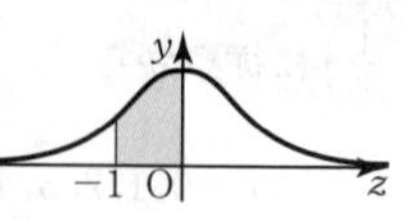
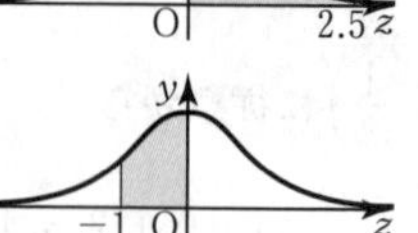

← 正規分布表で t が 2.50 のとき

(2) 分布曲線は y 軸に関して対称であるから

$P(-1 \leqq Z \leqq 0)=P(0 \leqq Z \leqq 1)$

$=\mathbf{0.3413}$

← $P(-t \leqq Z \leqq 0)$
$=P(0 \leqq Z \leqq t)$

93 $Z=\dfrac{X-2}{5}$ とおくと，Z は標準正規分布 $N(0,\ 1)$ に従う。

← $Z=\dfrac{X-m}{\sigma}$ (標準化)

$X=2$ のとき　$Z=\dfrac{2-2}{5}=0$

$X=12$ のとき　$Z=\dfrac{12-2}{5}=2$

であるから

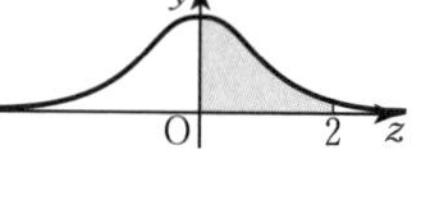
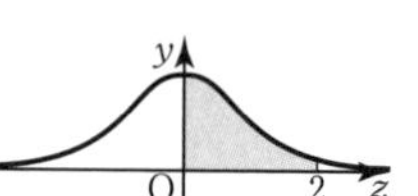

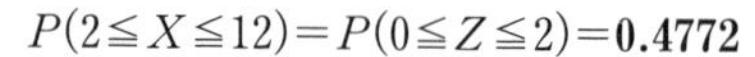

$P(2 \leqq X \leqq 12)=P(0 \leqq Z \leqq 2)=\mathbf{0.4772}$

94 (1) $P(-1.8 \leqq Z \leqq 0.6)$

$=P(-1.8 \leqq Z \leqq 0)+P(0 \leqq Z \leqq 0.6)$

$=P(0 \leqq Z \leqq 1.8)+P(0 \leqq Z \leqq 0.6)$

$=0.4641+0.2257=\mathbf{0.6898}$

← $P(-t \leqq Z \leqq 0)$
$=P(0 \leqq Z \leqq t)$

(2) $P(1.1 \leqq Z \leqq 1.9)$

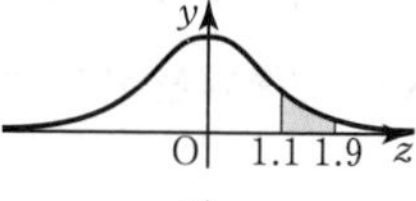

$=P(0 \leqq Z \leqq 1.9)-P(0 \leqq Z \leqq 1.1)$

$=0.4713-0.3643=\mathbf{0.1070}$

(3) $P(Z \geqq 2)$

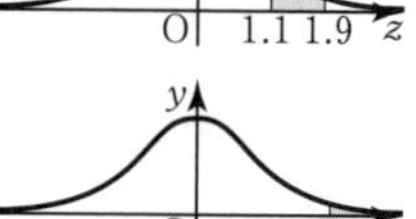

$=P(Z \geqq 0)-P(0 \leqq Z \leqq 2)$

$=0.5-0.4772=\mathbf{0.0228}$

← 正規分布の分布曲線は y 軸に関して対称であるから
$P(Z \geqq 0)=P(Z \leqq 0)=0.5$

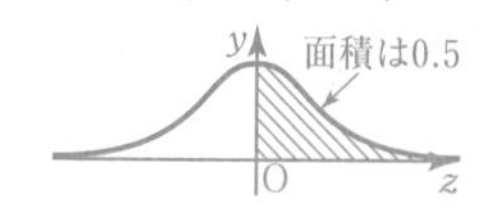

95 $Z=\dfrac{X-10}{20}$ とおくと，Z は標準正規分布 $N(0,\ 1)$ に従う。

← $Z=\dfrac{X-m}{\sigma}$ (標準化)

$X=-5$ のとき　$Z=\dfrac{-5-10}{20}=-0.75$

$X=5$ のとき　$Z=\dfrac{5-10}{20}=-0.25$

であるから

$P(-5 \leqq X \leqq 5)=P(-0.75 \leqq Z \leqq -0.25)$

$=P(0.25 \leqq Z \leqq 0.75)$

$=P(0 \leqq Z \leqq 0.75)-P(0 \leqq Z \leqq 0.25)$

$=0.2734-0.0987=\mathbf{0.1747}$

← $P(-b \leqq Z \leqq -a)$
$=P(a \leqq Z \leqq b)$

JUMP 18

考え方　身長を X cm とおいて，その X を標準化する。

身長を X cm とすると，X は正規分布 $N(166,\ 8^2)$ に従う。

$Z=\dfrac{X-166}{8}$ とおくと，Z は標準正規分布 $N(0,\ 1)$ に従う。

← $Z=\dfrac{X-m}{\sigma}$ (標準化)

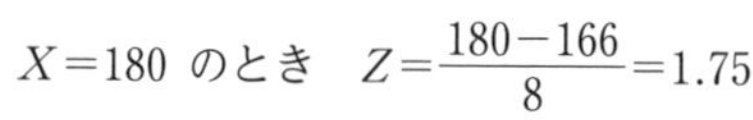

$X=180$ のとき　$Z=\dfrac{180-166}{8}=1.75$

であるから

$P(X \geqq 180)=P(Z \geqq 1.75)$

$=P(Z \geqq 0)-P(0 \leqq Z \leqq 1.75)$

$=0.5-0.4599=0.0401$

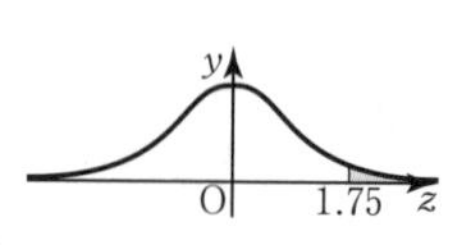

よって，身長 180 cm 以上の生徒はおよそ **4.0 %** いる。

← 正規分布の分布曲線は y 軸に関して対称であるから
$P(Z \geqq 0)=P(Z \leqq 0)=0.5$

19 二項分布の正規分布による近似(p.44)

二項分布の正規分布による近似
二項分布 $B(n,\ p)$ に従う確率変数 X は，$q=1-p$ とおくと，近似的に正規分布 $N(np,\ npq)$ に従う。

96 (1) 1問につき正答となる確率は $\dfrac{1}{3}$

よって，X が従う二項分布は $\boldsymbol{B\left(450,\ \dfrac{1}{3}\right)}$

(2) X の期待値 m と標準偏差 σ は

$m=450\times\dfrac{1}{3}=\mathbf{150}$ ⬅ $m=np$

$\sigma=\sqrt{450\times\dfrac{1}{3}\times\dfrac{2}{3}}=\sqrt{100}=\mathbf{10}$ ⬅ $\sigma=\sqrt{npq}$，$q=1-p$

(3) $Z=\dfrac{X-150}{10}$ とおくと，Z は近似的に標準正規分布 $N(0,\ 1)$ に従う。 ⬅ $Z=\dfrac{X-m}{\sigma}$ (標準化)

$X=170$ のとき　$Z=\dfrac{170-150}{10}=2$

であるから

$P(X\geqq 170)=P(Z\geqq 2)$
$=P(Z\geqq 0)-P(0\leqq Z\leqq 2)$
$=0.5-0.4772=\mathbf{0.0228}$

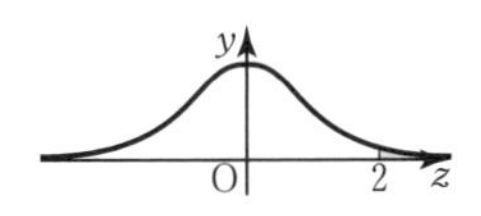

⬅ 正規分布の分布曲線は y 軸に関して対称であるから $P(Z\geqq 0)=P(Z\leqq 0)=0.5$

97 (1) 1個のさいころを1回だけ投げたとき，6の目が出る確率は $\dfrac{1}{6}$

よって，X は二項分布 $B\left(180,\ \dfrac{1}{6}\right)$ に従う。

ゆえに，X の期待値 m と標準偏差 σ は

$m=180\times\dfrac{1}{6}=\mathbf{30}$ ⬅ $m=np$

$\sigma=\sqrt{180\times\dfrac{1}{6}\times\dfrac{5}{6}}=\sqrt{25}=\mathbf{5}$ ⬅ $\sigma=\sqrt{npq}$，$q=1-p$

(2) $Z=\dfrac{X-30}{5}$ とおくと，Z は近似的に標準正規分布 $N(0,\ 1)$ に従う。 ⬅ $Z=\dfrac{X-m}{\sigma}$ (標準化)

$X=22$ のとき　$Z=\dfrac{22-30}{5}=-1.6$

であるから

$P(X\leqq 22)=P(Z\leqq -1.6)$
$=P(Z\geqq 1.6)$ ⬅ $P(Z\leqq -t)=P(Z\geqq t)$
$=P(Z\geqq 0)-P(0\leqq Z\leqq 1.6)$ ⬅ 正規分布の分布曲線は y 軸に関して対称であるから $P(Z\geqq 0)=P(Z\leqq 0)=0.5$
$=0.5-0.4452=\mathbf{0.0548}$

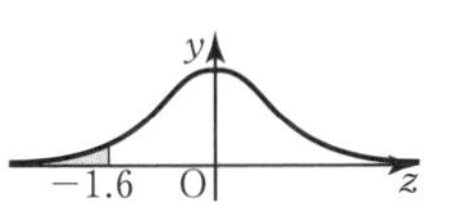

(3) $X=20$ のとき　$Z=\dfrac{20-30}{5}=-2$

$X=45$ のとき　$Z=\dfrac{45-30}{5}=3$

であるから

$P(20\leqq X\leqq 45)$
$=P(-2\leqq Z\leqq 3)$
$=P(-2\leqq Z\leqq 0)+P(0\leqq Z\leqq 3)$
$=P(0\leqq Z\leqq 2)+P(0\leqq Z\leqq 3)$ ⬅ $P(-t\leqq Z\leqq 0)=P(0\leqq Z\leqq t)$
$=0.4772+0.4987=\mathbf{0.9759}$

98 (1) 1個の種が発芽する確率は　$0.8=\frac{4}{5}$

よって，X は二項分布 $B\left(1600,\ \frac{4}{5}\right)$ に従う。

ゆえに，X の期待値 m と標準偏差 σ は

$m=1600\times\frac{4}{5}=1280$　　⬅$m=np$

$\sigma=\sqrt{1600\times\frac{4}{5}\times\frac{1}{5}}=\sqrt{256}=16$　　⬅$\sigma=\sqrt{npq}$，$q=1-p$

したがって，$Z=\frac{X-1280}{16}$ とおくと，　　⬅$Z=\frac{X-m}{\sigma}$（標準化）

Z は近似的に標準正規分布 $N(0,\ 1)$ に従う。

$X=1280$ のとき　$Z=\frac{1280-1280}{16}=0$

であるから

$P(X\geqq 1280)=P(Z\geqq 0)=\mathbf{0.5}$

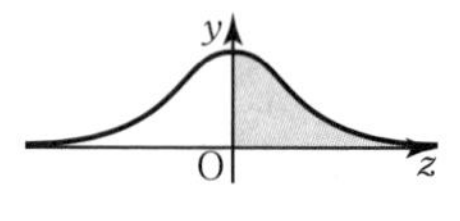

⬅正規分布の分布曲線は y 軸に関して対称であるから
$P(Z\geqq 0)=P(Z\leqq 0)=0.5$

(2) $X=1232$ のとき　$Z=\frac{1232-1280}{16}=-3$

であるから

$P(X\geqq 1232)$

$=P(Z\geqq -3)$

$=P(-3\leqq Z\leqq 0)+P(Z\geqq 0)$

$=P(0\leqq Z\leqq 3)+P(Z\geqq 0)$

$=0.4987+0.5=\mathbf{0.9987}$

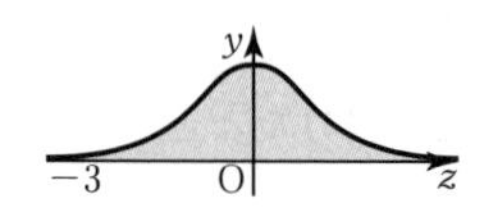

⬅$P(-t\leqq Z\leqq 0)$
$=P(0\leqq Z\leqq t)$

(3) $X=1288$ のとき　$Z=\frac{1288-1280}{16}=0.5$

$X=1300$ のとき　$Z=\frac{1300-1280}{16}=1.25$

であるから

$P(1288\leqq X\leqq 1300)$

$=P(0.5\leqq Z\leqq 1.25)$

$=P(0\leqq Z\leqq 1.25)-P(0\leqq Z\leqq 0.5)$

$=0.3944-0.1915=\mathbf{0.2029}$

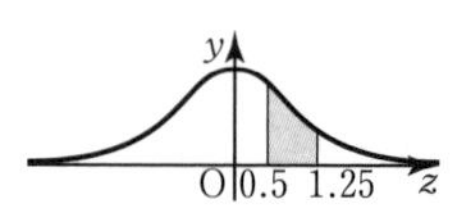

JUMP 19

考え方　$P(X\leqq a)$ を，Z を用いて表す。

$X=a$ のとき　$Z=\frac{a-1280}{16}$

であるから

$P(X\leqq a)=P\left(Z\leqq\frac{a-1280}{16}\right)=0.8413$

ここで，$0.8413>0.5$ であるから，

$Z\leqq\frac{a-1280}{16}$ の範囲には $Z\leqq 0$ が含まれる。

⬅ $P(Z\leqq 0)=0.5$ であるから 0.8413 と 0.5 の大小を調べれば $\frac{a-1280}{16}$ と 0 の大小もわかる。

よって

$P\left(Z\leqq\frac{a-1280}{16}\right)$

$=P(Z\leqq 0)+P\left(0\leqq Z\leqq\frac{a-1280}{16}\right)$

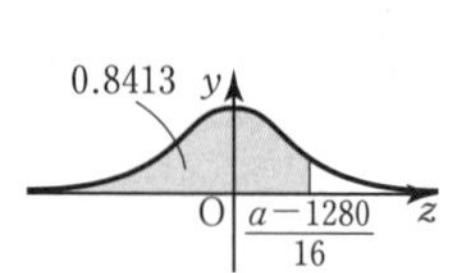

すなわち

$P\left(0\leqq Z\leqq\frac{a-1280}{16}\right)=P\left(Z\leqq\frac{a-1280}{16}\right)-P(Z\leqq 0)$

$=0.8413-0.5$

$=0.3413$

正規分布表より

$P(0 \leqq Z \leqq 1)=0.3413$

であるから

$\frac{a-1280}{16}=1$

ゆえに　$\boldsymbol{a=1296}$

20 母集団と標本(p.46)

99 (1)

X	1	2	3	計
P	$\frac{3}{9}$	$\frac{5}{9}$	$\frac{1}{9}$	1

←9個の球のうち
1が3個
2が5個
3が1個

(2) $m=1\times\frac{3}{9}+2\times\frac{5}{9}+3\times\frac{1}{9}=\boldsymbol{\frac{16}{9}}$

(3) $\sigma^2=\left(1^2\times\frac{3}{9}+2^2\times\frac{5}{9}+3^2\times\frac{1}{9}\right)-m^2$

$=\frac{32}{9}-\left(\frac{16}{9}\right)^2=\boldsymbol{\frac{32}{81}}$

←$\sigma^2=E(X^2)-\{E(X)\}^2$
$=E(X^2)-m^2$

(4) $\sigma=\sqrt{\frac{32}{81}}=\boldsymbol{\frac{4\sqrt{2}}{9}}$

100 母平均が30であるから

$E(\overline{X})=\boldsymbol{30}$

母標準偏差が8，標本の大きさが64であるから

$\sigma(\overline{X})=\frac{8}{\sqrt{64}}=\frac{8}{8}=\boldsymbol{1}$

←母平均を m とすると
$E(\overline{X})=m$

←母標準偏差を σ，大きさを n とすると　$\sigma(\overline{X})=\frac{\sigma}{\sqrt{n}}$

101 (1) 標本平均を $\overline{X}$ とする。

母平均が168.5 mmであるから，標本平均の期待値 $E(\overline{X})$ は

$E(\overline{X})=\boldsymbol{168.5}$ **(mm)**

←$E(\overline{X})=m$

(2) 母標準偏差が6.4 mm，標本の大きさが100であるから，標本平均の標準偏差 $\sigma(\overline{X})$ は

$\sigma(\overline{X})=\frac{6.4}{\sqrt{100}}=\frac{6.4}{10}=\boldsymbol{0.64}$ **(mm)**

←$\sigma(\overline{X})=\frac{\sigma}{\sqrt{n}}$

102 $\overline{X}$ は正規分布　$N\left(70,\ \frac{24^2}{144}\right)$

すなわち　$N(70,\ 2^2)$ に従うとみなせる。

よって　$Z=\frac{\overline{X}-70}{2}$　とおくと，

Z は近似的に標準正規分布 $N(0,\ 1)$ に従う。

$\overline{X}=68$ のとき　$Z=\frac{68-70}{2}=-1$

であるから

$P(\overline{X}\geqq 68)=P(Z\geqq -1)$

$=P(-1\leqq Z\leqq 0)+P(Z\geqq 0)$

$=P(0\leqq Z\leqq 1)+P(Z\geqq 0)$

$=0.3413+0.5=\boldsymbol{0.8413}$

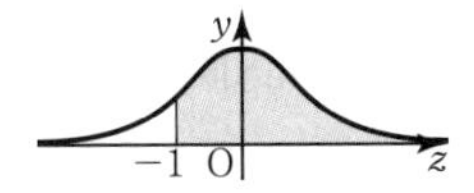

←$P(-t\leqq Z\leqq 0)$
$=P(0\leqq Z\leqq t)$

←正規分布の分布曲線は y 軸に関して対称であるから，
$P(Z\geqq 0)=P(Z\leqq 0)=0.5$

JUMP 20

$\overline{X}$ は正規分布 $N\left(80,\ \frac{30^2}{n}\right)$

すなわち $N\left(80,\ \left(\frac{30}{\sqrt{n}}\right)^2\right)$ に従うとみなせる。

よって $Z=\dfrac{\overline{X}-80}{\dfrac{30}{\sqrt{n}}}$ とおくと，

Z は近似的に標準正規分布 $N(0,\ 1)$ に従う。

$\overline{X}=77$ のとき $Z=\dfrac{77-80}{\dfrac{30}{\sqrt{n}}}=-\dfrac{\sqrt{n}}{10}$

$\overline{X}=83$ のとき $Z=\dfrac{83-80}{\dfrac{30}{\sqrt{n}}}=\dfrac{\sqrt{n}}{10}$

であるから

$P\left(-\frac{\sqrt{n}}{10}\leqq Z\leqq\frac{\sqrt{n}}{10}\right)=0.8664$

$P\left(-\frac{\sqrt{n}}{10}\leqq Z\leqq 0\right)+P\left(0\leqq Z\leqq\frac{\sqrt{n}}{10}\right)=0.8664$

$2P\left(0\leqq Z\leqq\frac{\sqrt{n}}{10}\right)=0.8664$

$P\left(0\leqq Z\leqq\frac{\sqrt{n}}{10}\right)=0.4332$

正規分布表より

$P(0\leqq Z\leqq 1.5)=0.4332$

であるから

$\frac{\sqrt{n}}{10}=1.5$

$\sqrt{n}=15$

ゆえに $n=15^2=\mathbf{225}$

考え方 $P(77\leqq\overline{X}\leqq 83)$ を，Z を用いて表す。

⬅$P(77\leqq\overline{X}\leqq 83)=0.8664$

⬅$P(-t\leqq Z\leqq 0)=P(0\leqq Z\leqq t)$

21 母平均・母比率の推定 (p.48)

103 $1.96\times\frac{3.3}{\sqrt{900}}=1.96\times\frac{3.3}{30}=1.96\times 0.11 \fallingdotseq 0.2$

また，標本平均が 150.5 であるから，

母平均 m に対する信頼度 95 %の信頼区間は

$150.5-0.2\leqq m\leqq 150.5+0.2$

よって $\mathbf{150.3\leqq m\leqq 150.7}$

⬅$1.96\times\frac{\sigma}{\sqrt{n}}$

⬅$\overline{X}-1.96\times\frac{\sigma}{\sqrt{n}}\leqq m\leqq\overline{X}+1.96\times\frac{\sigma}{\sqrt{n}}$

104 母標準偏差のかわりに標本の標準偏差 1.0 を用いる。

標本の大きさが 400 であるから

$1.96\times\frac{1.0}{\sqrt{400}}=1.96\times\frac{1.0}{20}=1.96\times 0.05 \fallingdotseq 0.1$

また，標本平均が 49.4 であるから，

母平均 m に対する信頼度 95 %の信頼区間は

$49.4-0.1\leqq m\leqq 49.4+0.1$

すなわち $49.3\leqq m\leqq 49.5$

よって，工場のネジ全体における長さの平均値は，信頼度 95 %で **49.3 mm 以上 49.5 mm 以下**と推定される。

⬅母標準偏差 σ が分からないときは，標本の大きさ n が大きければ，母標準偏差のかわりに標本の標準偏差を用いてよい。

⬅$\overline{X}-1.96\times\frac{\sigma}{\sqrt{n}}\leqq m\leqq\overline{X}+1.96\times\frac{\sigma}{\sqrt{n}}$

105 標本の大きさが 900，標本比率が 0.9 であるから

$$1.96\times\sqrt{\frac{0.9\times0.1}{900}}=1.96\times\sqrt{\frac{0.1\times0.1}{100}}=1.96\times\frac{0.1}{10}\fallingdotseq0.02$$

よって，母比率 p の信頼度 95 %の信頼区間は

$0.9-0.02\leqq p\leqq0.9+0.02$

すなわち　$0.88\leqq p\leqq0.92$

ゆえに，母比率は信頼度 95 %で **0.88 以上 0.92 以下**と推定される。

⬅$1.96\times\sqrt{\frac{\overline{p}(1-\overline{p})}{n}}$

⬅$\overline{p}-1.96\sqrt{\frac{\overline{p}(1-\overline{p})}{n}}\leqq p\leqq\overline{p}+1.96\sqrt{\frac{\overline{p}(1-\overline{p})}{n}}$

106 標本の大きさが 400，標本比率が $\frac{80}{400}=0.2$ であるから

$$1.96\times\sqrt{\frac{0.2\times0.8}{400}}=1.96\times\sqrt{\frac{0.2\times0.2}{100}}=1.96\times\frac{0.2}{10}\fallingdotseq0.039$$

よって，母比率 p の信頼度 95 %の信頼区間は

$0.2-0.039\leqq p\leqq0.2+0.039$

すなわち　$0.161\leqq p\leqq0.239$

ゆえに，市の全世帯の購読率は，信頼度 95 %で

0.161 以上 0.239 以下と推定される。

⬅$1.96\times\sqrt{\frac{\overline{p}(1-\overline{p})}{n}}$

⬅$\overline{p}-1.96\sqrt{\frac{\overline{p}(1-\overline{p})}{n}}\leqq p\leqq\overline{p}+1.96\sqrt{\frac{\overline{p}(1-\overline{p})}{n}}$

107 母標準偏差のかわりに標本の標準偏差 200 を用いる。

標本の大きさが 100 であるから

$$1.96\times\frac{200}{\sqrt{100}}=1.96\times\frac{200}{10}=1.96\times20=39.2$$

また，標本平均が 1520 であるから，

母平均 m に対する信頼度 95 %の信頼区間は

$1520-39.2\leqq m\leqq1520+39.2$

すなわち　$1480.8\leqq m\leqq1559.2$

よって，工場の製品全体における耐久時間の平均値は，

信頼度 95 %で **1480.8 時間以上 1559.2 時間以下**と推定される。

⬅母標準偏差 σ が分からないときは，標本の大きさ n が大きければ，母標準偏差のかわりに標本の標準偏差を用いてよい。

⬅$\overline{X}-1.96\times\frac{\sigma}{\sqrt{n}}\leqq m\leqq\overline{X}+1.96\times\frac{\sigma}{\sqrt{n}}$

(参考) 信頼度 95 %の信頼区間を求めるときの 1.96 について考えてみよう。

右の図のように

$P(-t\leqq Z\leqq t)=0.95$

と考えることができる。

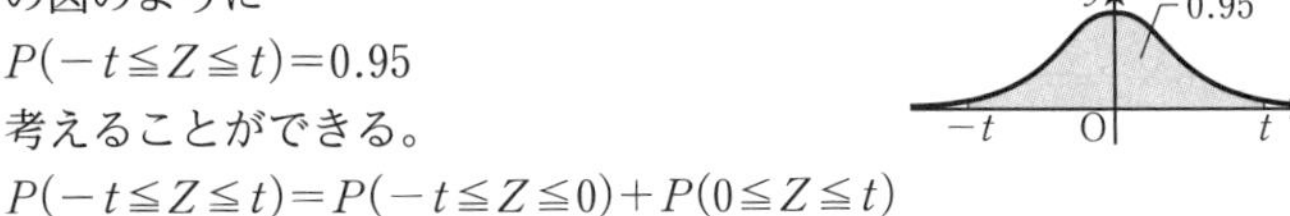

$P(-t\leqq Z\leqq t)=P(-t\leqq Z\leqq0)+P(0\leqq Z\leqq t)$

$=2P(0\leqq Z\leqq t)$

であるから

$P(0\leqq Z\leqq t)=0.95\div2=0.475$

正規分布表より　$t=1.96$

⬅99 %など，他の信頼度についても，同様に正規分布表から考えられる。

⬅$P(0\leqq Z\leqq1.96)=0.475$

JUMP 21

$$2.58\times\frac{200}{\sqrt{100}}=2.58\times20=51.6$$

標本平均が $\overline{X}=1520$ であるから，

母平均 m に対する信頼度 99 %の信頼区間は

$1520-51.6\leqq m\leqq1520+51.6$

すなわち　$1468.4\leqq m\leqq1571.6$

よって，工場の製品全体における耐久時間の平均値は，

信頼度 99 %で **1468.4 時間以上 1571.6 時間以下**と推定される。

考え方　信頼度 95 %と同様に考える。

⬅$2.58\times\frac{\sigma}{\sqrt{n}}$

⬅$\overline{X}-2.58\times\frac{\sigma}{\sqrt{n}}\leqq m\leqq\overline{X}+2.58\times\frac{\sigma}{\sqrt{n}}$

22 仮説検定 (p.50)

108 帰無仮説は「この年のみかんの重さは例年と**変わらない**」

X は正規分布 $N(\mathbf{100},\ \mathbf{6^2})$ に従う。

$\overline{X}$ は正規分布 $N\left(\mathbf{100},\ \dfrac{\mathbf{6^2}}{\mathbf{400}}\right)$ に従う。

棄却域は　$\overline{X} \leqq 100-\mathbf{1.96}\times\dfrac{6}{\sqrt{400}}$, $100+\mathbf{1.96}\times\dfrac{6}{\sqrt{400}} \leqq \overline{X}$

より　$\overline{X} \leqq \mathbf{99.412}$, $\mathbf{100.588} \leqq \overline{X}$

$\overline{X}=107$ は棄却域に**入る**から，帰無仮説は棄却**される**。

この年のみかんの重さは例年と異なるといえる。

⬅対立仮説は「例年と異なる」

⬅平均 100，標準偏差 6

⬅$N\left(m,\ \dfrac{\sigma^2}{n}\right)$

⬅帰無仮説にもとづいた確率変数 X が $N(m,\ \sigma^2)$ に従うとき，有意水準 5 %の棄却域は

$X \leqq m-1.96\sigma$,

$m+1.96\sigma \leqq X$

109 (1) **「畑 A のみかんの重さは全体に比べ違いがない」**

(2) 帰無仮説が正しければ，

畑 A のみかんの重さ X は**正規分布** $\boldsymbol{N(120,\ 20^2)}$ に従う。

(3) 帰無仮説が正しければ，

標本平均 $\overline{X}$ は**正規分布** $\boldsymbol{N\left(120,\ \dfrac{20^2}{400}\right)}$ に従う。

(4) 有意水準 5 %の棄却域は

$\overline{X} \leqq 120-1.96\times\dfrac{20}{\sqrt{400}}$, $120+1.96\times\dfrac{20}{\sqrt{400}} \leqq \overline{X}$

より　$\boldsymbol{\overline{X} \leqq 118.0,\ 122.0 \leqq \overline{X}}$

(5) $\overline{X}=119$ は棄却域に入らないから，帰無仮説は棄却されない。

すなわち，畑 A のみかんの重さは全体に比べて

違いがあるといえない。

⬅平均 120，標準偏差 20

⬅$N\left(m,\ \dfrac{\sigma^2}{n}\right)$

⬅標本平均 $\overline{X}$ が正規分布 $N\left(m,\ \dfrac{\sigma^2}{n}\right)$ に従うとき，有意水準 5 %の棄却域は

$\overline{X} \leqq m-1.96\dfrac{\sigma}{\sqrt{n}}$,

$m+1.96\dfrac{\sigma}{\sqrt{n}} \leqq \overline{X}$

110 帰無仮説を「この日の製品は異常でない」とする。

帰無仮説が正しければ，

この日の製品の重さ X は正規分布 $N(200,\ 5^2)$ に従う。

このとき，標本平均 $\overline{X}$ は正規分布 $N\left(200,\ \dfrac{5^2}{100}\right)$ に従う。

よって，有意水準 5 %の棄却域は

$\overline{X} \leqq 200-1.96\times\dfrac{5}{\sqrt{100}}$, $200+1.96\times\dfrac{5}{\sqrt{100}} \leqq \overline{X}$

より　$\overline{X} \leqq 199.02$, $200.98 \leqq \overline{X}$

$\overline{X}=202$ は棄却域に入るから，帰無仮説は棄却される。

すなわち，この日の製品は**異常であるといえる。**

⬅標本平均 $\overline{X}$ が正規分布 $N\left(m,\ \dfrac{\sigma^2}{n}\right)$ に従うとき，有意水準 5 %の棄却域は

$\overline{X} \leqq m-1.96\dfrac{\sigma}{\sqrt{n}}$,

$m+1.96\dfrac{\sigma}{\sqrt{n}} \leqq \overline{X}$

JUMP 22

帰無仮説を「1 の目が出る確率が $\dfrac{1}{6}$ である」とする。

帰無仮説が正しければ，1 個のさいころを 180 回投げるとき，

1 の目が出る回数 X は二項分布 $B\left(180,\ \dfrac{1}{6}\right)$ に従う。

よって，X の期待値 m と標準偏差 σ は

$m=180\times\dfrac{1}{6}=30$

$\sigma=\sqrt{180\times\dfrac{1}{6}\times\dfrac{5}{6}}=5$

であるから，X は近似的に正規分布 $N(30,\ 5^2)$ に従う。

ゆえに，有意水準 5 %の棄却域は

考え方　二項分布の正規分布による近似を用いて仮説検定する。

⬅二項分布 $B(n,\ p)$ に従う確率変数 X は，

$q=1-p$

とおくと，n が大きいとき，近似的に正規分布 $N(np,\ npq)$ に従う。

$X \leqq 30-1.96\times5$，$30+1.96\times5 \leqq X$

より　$X \leqq 20.2$，$39.8 \leqq X$

$X=36$ は棄却域に入らないから，帰無仮説は棄却されない。

すなわち，さいころは 1 の目が出る確率が $\frac{1}{6}$ **でないとはいえない。**

⬅確率変数 X が正規分布 $N(m,\ \sigma^2)$ に従うとき，有意水準 5 %の棄却域は $X \leqq m-1.96\sigma$，$m+1.96\sigma \leqq X$

まとめの問題　正規分布，統計的な推測 (p.52)

1 (1)　$P(0 \leqq Z \leqq 1.8)=\mathbf{0.4641}$

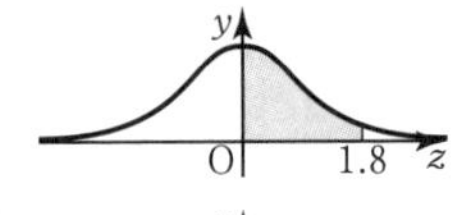

(2)　分布曲線は y 軸に関して対称であるから

$P(-2.2 \leqq Z \leqq 0)=P(0 \leqq Z \leqq 2.2)$

$=\mathbf{0.4861}$

⬅$P(-t \leqq Z \leqq 0)=P(0 \leqq Z \leqq t)$

(3)　$P(-1.3 \leqq Z \leqq 0.8)$

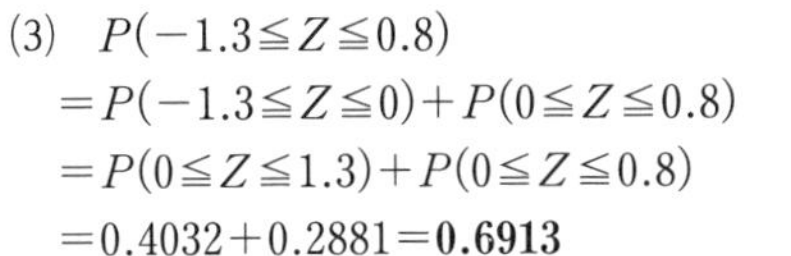

$=P(-1.3 \leqq Z \leqq 0)+P(0 \leqq Z \leqq 0.8)$

$=P(0 \leqq Z \leqq 1.3)+P(0 \leqq Z \leqq 0.8)$

$=0.4032+0.2881=\mathbf{0.6913}$

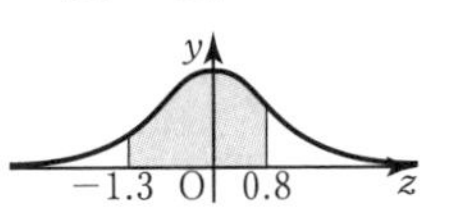

⬅$P(-t \leqq Z \leqq 0)=P(0 \leqq Z \leqq t)$

(4)　$P(Z \geqq 1.96)=P(Z \geqq 0)-P(0 \leqq Z \leqq 1.96)$

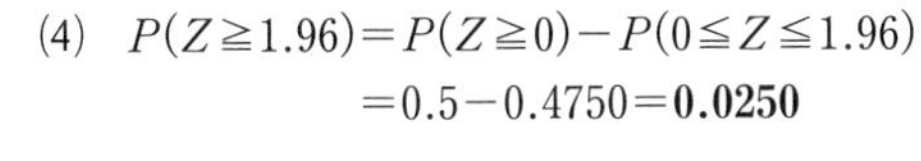

$=0.5-0.4750=\mathbf{0.0250}$

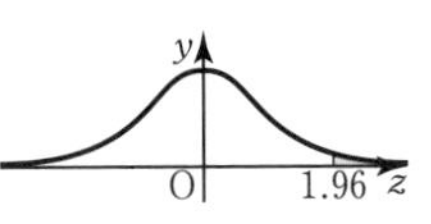

2　$Z=\frac{X-10}{5}$ とおくと，Z は標準正規分布 $N(0,\ 1)$ に従う。

⬅確率変数 X が正規分布 $N(m,\ \sigma^2)$ に従うとき，$Z=\frac{X-m}{\sigma}$ とおくと，Z は標準正規分布 $N(0,\ 1)$ に従う。

$X=0$ のとき　$Z=\frac{0-10}{5}=-2$

$X=8$ のとき　$Z=\frac{8-10}{5}=-0.4$

であるから

$P(0 \leqq X \leqq 8)=P(-2 \leqq Z \leqq -0.4)$

$=P(0.4 \leqq Z \leqq 2)$

$=P(0 \leqq Z \leqq 2)-P(0 \leqq Z \leqq 0.4)$

$=0.4772-0.1554=\mathbf{0.3218}$

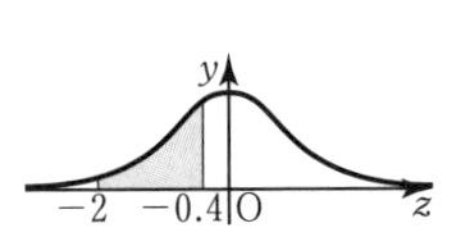

⬅$P(-b \leqq Z \leqq -a)=P(a \leqq Z \leqq b)$

3　硬貨 2 枚を同時に投げるとき，2 枚とも表が出る確率は $\left(\frac{1}{2}\right)^2=\frac{1}{4}$

よって，2 枚とも表が出る回数を X とすると，

X は二項分布 $B\left(1200,\ \frac{1}{4}\right)$ に従う。

ゆえに，X の期待値 m と標準偏差 σ は

$m=1200\times\frac{1}{4}=300$

⬅$m=np$

$\sigma=\sqrt{1200\times\frac{1}{4}\times\frac{3}{4}}=\sqrt{225}=15$

⬅$\sigma=\sqrt{npq}$，$q=1-p$

したがって，$Z=\frac{X-300}{15}$ とおくと，

⬅$Z=\frac{X-m}{\sigma}$

Z は近似的に標準正規分布 $N(0,\ 1)$ に従う。

$X=336$ のとき　$Z=\frac{336-300}{15}=2.4$

であるから

$P(X \geqq 336)=P(Z \geqq 2.4)$

$=P(Z \geqq 0)-P(0 \leqq Z \leqq 2.4)$

$=0.5-0.4918=\mathbf{0.0082}$

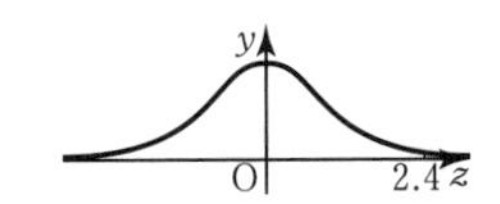

⬅正規分布の分布曲線は y 軸に関して対称であるから，$P(Z \geqq 0)=P(Z \leqq 0)=0.5$

4 (1) X の母集団分布は次の表のようになる。

X	0	1	2	3	計
P	$\frac{3}{20}$	$\frac{9}{20}$	$\frac{6}{20}$	$\frac{2}{20}$	1

よって

$$m=0\times\frac{3}{20}+1\times\frac{9}{20}+2\times\frac{6}{20}+3\times\frac{2}{20}=\mathbf{\frac{27}{20}}$$

(2) $$\sigma^2=\left(0^2\times\frac{3}{20}+1^2\times\frac{9}{20}+2^2\times\frac{6}{20}+3^2\times\frac{2}{20}\right)-m^2$$

$$=\frac{51}{20}-\left(\frac{27}{20}\right)^2=\frac{291}{400}$$

よって

$$\sigma=\sqrt{\frac{291}{400}}=\mathbf{\frac{\sqrt{291}}{20}}$$

⬅ $\sigma^2=E(X^2)-\{E(X)\}^2$
$=E(X^2)-m^2$

5 母平均が 45 であるから

$E(\overline{X})=\mathbf{45}$

母標準偏差が 6，標本の大きさが 400 であるから

$$\sigma(\overline{X})=\frac{6}{\sqrt{400}}=\frac{6}{20}=\mathbf{0.3}$$

⬅母平均を m とすると
$E(\overline{X})=m$

⬅母標準偏差を σ，大きさを n とすると，$\sigma(\overline{X})=\frac{\sigma}{\sqrt{n}}$

6 母標準偏差のかわりに標本の標準偏差 2.6 を用いる。

標本の大きさが 100 であるから

$$1.96\times\frac{2.6}{\sqrt{100}}=1.96\times\frac{2.6}{10}=1.96\times0.26\fallingdotseq0.5$$

また，標本平均が 350.6 であるから，

母平均 m に対する信頼度 95 %の信頼区間は

$350.6-0.5\leqq m\leqq350.6+0.5$

すなわち　$350.1\leqq m\leqq351.1$

よって，缶ジュース全体における重さの平均値は，信頼度 95 %で

350.1 g 以上 351.1 g 以下と推定される。

⬅母標準偏差 σ が分からないときは，標本の大きさ n が大きければ，母標準偏差のかわりに標本の標準偏差を用いてよい。

⬅ $\overline{X}-1.96\times\frac{\sigma}{\sqrt{n}}\leqq m$
$\leqq\overline{X}+1.96\times\frac{\sigma}{\sqrt{n}}$

7 標本の大きさが 2500，標本比率が $\frac{500}{2500}=0.2$ であるから

$$1.96\times\sqrt{\frac{0.2\times0.8}{2500}}=1.96\times\frac{0.4}{50}\fallingdotseq0.02$$

よって，母比率 p の信頼度 95 %の信頼区間は

$0.2-0.02\leqq p\leqq0.2+0.02$

すなわち　$0.18\leqq p\leqq0.22$

ゆえに，世帯全体の視聴率は，信頼度 95 %で

0.18 以上 0.22 以下と推定される。

⬅ $1.96\times\sqrt{\frac{\overline{p}(1-\overline{p})}{n}}$

⬅ $\overline{p}-1.96\sqrt{\frac{\overline{p}(1-\overline{p})}{n}}\leqq p$
$\leqq\overline{p}+1.96\sqrt{\frac{\overline{p}(1-\overline{p})}{n}}$

8 帰無仮説を「この日のネジは異常でない」とする。
帰無仮説が正しければ,
この日のネジの長さ X は正規分布 $N(9.9,\ 0.4^2)$ に従う。
このとき，標本平均 $\overline{X}$ は正規分布 $N\left(9.9,\ \dfrac{0.4^2}{100}\right)$ に従う。
よって，有意水準 5 %の棄却域は

$$\overline{X} \leqq 9.9 - 1.96 \times \frac{0.4}{\sqrt{100}},\quad 9.9 + 1.96 \times \frac{0.4}{\sqrt{100}} \leqq \overline{X}$$

より　$\overline{X} \leqq 9.8216$，$9.9784 \leqq \overline{X}$
$\overline{X} = 10.0$ は棄却域に入るから，帰無仮説は棄却される。
すなわち，この日のネジは**異常であるといえる**。

⬅標本平均 $\overline{X}$ が正規分布 $N(m,\ \sigma^2)$ に従うとき，有意水準 5 %の棄却域は
$\overline{X} \leqq m - 1.96\sigma$,
$m + 1.96\sigma \leqq \overline{X}$

57 次の式で定められる数列 $\{a_n\}$ の一般項を求めよ。

(1) $a_1 = 4,\ a_{n+1} = a_n + 3 \quad (n = 1, 2, 3, \cdots\cdots)$

(2) $a_1 = 3,\ a_{n+1} = 2a_n \quad (n = 1, 2, 3, \cdots\cdots)$

(3) $a_1 = 5,\ a_{n+1} = a_n + 6n - 1 \quad (n = 1, 2, 3, \cdots\cdots)$

(4) $a_1 = 1,\ a_{n+1} = 3a_n + 2 \quad (n = 1, 2, 3, \cdots\cdots)$

58 次の式で定められる数列 $\{a_n\}$ の一般項を求めよ。

(1) $a_1 = 3,\ a_{n+1} = a_n + 2n^2 \quad (n = 1, 2, 3, \cdots\cdots)$

(2) $a_1 = 1,\ a_{n+1} = -3a_n + 12 \quad (n = 1, 2, 3, \cdots\cdots)$

JUMP 10 $a_1 = 1,\ a_{n+1} = \dfrac{a_n}{a_n + 1} \quad (n = 1, 2, 3, \cdots\cdots)$ で定められる数列 $\{a_n\}$ について，次の問いに答えよ。

(1) $b_n = \dfrac{1}{a_n}$ とおくとき，b_{n+1} と b_n の関係式を求めよ。

(2) 数列 $\{b_n\}$ の一般項を求め，これより数列 $\{a_n\}$ の一般項を求めよ。

11 数学的帰納法

例題 14 数学的帰納法

すべての自然数 n について，自然数の和は

$$1+2+3+\cdots\cdots+n=\frac{1}{2}n(n+1)\ \cdots\cdots①$$

であることを示せ。

▶数学的帰納法
自然数 n を含むことがら P が，すべての自然数 n について成り立つことを証明するには
［Ⅰ］$n=1$ のとき P が成り立つ
［Ⅱ］$n=k$ のとき P が成り立つと仮定すると，$n=k+1$ のときも P が成り立つ
の２つを示せばよい。

(証明)　［Ⅰ］$n=1$ のとき

$$(\text{左辺})=1,\ (\text{右辺})=\frac{1}{2}\cdot1\cdot(1+1)=1$$

←$n=1$ のときに成り立つことを示す。

よって，$n=1$ のとき，①が成り立つ。

［Ⅱ］$n=k$ のとき，①が成り立つと仮定すると　←$n=k$ のとき，成り立つと仮定する。

$$1+2+3+\cdots\cdots+k=\frac{1}{2}k(k+1)$$

この式の両辺に $(k+1)$ を加えて計算すると　←$n=k+1$ のとき，成り立つことを示す。

$$1+2+3+\cdots\cdots+k+(k+1)=\frac{1}{2}k(k+1)+(k+1)$$

$$=\frac{1}{2}(k+1)(k+2)$$

すなわち，$n=k+1$ のときも，①が成り立つ。

［Ⅰ］，［Ⅱ］から，①はすべての自然数で成り立つ。(終)　←すべての自然数で成り立つことが示された。

類題

59　2 からはじまる n 個の偶数の和について，

$$2+4+6+\cdots\cdots+2n=n(n+1)\ \cdots\cdots①$$

が成り立つことを数学的帰納法で示した次の証明の空欄に適する式をかけ。

(証明)

［Ⅰ］$n=1$ のとき

(左辺) = ☐

(右辺) = ☐

よって，$n=1$ のとき，①が成り立つ。

［Ⅱ］$n=k$ のとき，①が成り立つと仮定すると

$2+4+6+\cdots\cdots+2k=$ ☐

この式の両辺に $2(k+1)$ を加えると

$$2+4+6+\cdots\cdots+2k+2(k+1)$$
$$=k(k+1)+2(k+1)$$

ここで，右辺を計算すると

$$2+4+6+\cdots\cdots+2(k+1)$$

= ☐

これは，$n=k+1$ のときも，①が成り立つことを示している。

［Ⅰ］，［Ⅱ］から，①はすべての自然数で成り立つ。

(終)

60　すべての自然数 n について，等式

$$1+2+2^2+2^3+\cdots\cdots+2^{n-1}=2^n-1\ \cdots\cdots①$$

が成り立つことを数学的帰納法で示した次の証明の空欄に適する式をかけ。

(証明)

［Ⅰ］$n=1$ のとき

(左辺) = ☐

(右辺) = ☐

よって，$n=1$ のとき，①が成り立つ。

［Ⅱ］$n=k$ のとき，①が成り立つと仮定すると

$1+2+2^2+2^3+\cdots\cdots+2^{k-1}=$ ☐

この式の両辺に 2^k を加えると

$$1+2+2^2+2^3+\cdots\cdots+2^{k-1}+2^k$$
$$=2^k-1+2^k$$

ここで，右辺を計算すると

$$1+2+2^2+2^3+\cdots\cdots+2^k$$

= 

これは，$n=k+1$ のときも，①が成り立つことを示している。

［Ⅰ］，［Ⅱ］から，①はすべての自然数で成り立つ。

(終)

61 すべての自然数 n について，次の等式が成り立つことを数学的帰納法を用いて証明せよ。

$$1+3+9+\cdots\cdots+3^{n-1}=\frac{3^n-1}{2}$$

62 すべての自然数 n について，6^n-1 は5の倍数であることを数学的帰納法を用いて証明せよ。

JUMP 11 n が3以上の自然数のとき，次の不等式が成り立つことを数学的帰納法を用いて証明せよ。

$$3^n \geqq 8n+3$$

まとめの問題　数列②

1　次の和を求めよ。

(1)　$\sum_{k=1}^{30}(k+2)$

(2)　$\sum_{k=1}^{6}3\cdot 2^k$

(3)　$\sum_{k=1}^{n}(4k-1)$

(4)　$\sum_{k=1}^{n}(k^2-3k+2)$

(5)　$\sum_{k=1}^{n-1}(k+3)(k-2)$

2　次の数列 $\{a_n\}$ について，下の問いに答えよ。

-6，-4，1，9，20，……

(1)　数列 $\{a_n\}$ の階差数列 $\{b_n\}$ の一般項を求めよ。

(2)　数列 $\{a_n\}$ の一般項を求めよ。

3　初項から第 n 項までの和 S_n が $S_n=n^2-4n$ で与えられる数列 $\{a_n\}$ の一般項を求めよ。

4 $\dfrac{1}{2k(2k+2)}=\dfrac{1}{2}\left(\dfrac{1}{2k}-\dfrac{1}{2k+2}\right)$ であることを用いて，次の和 S_n を求めよ。

$$S_n=\frac{1}{2\cdot4}+\frac{1}{4\cdot6}+\frac{1}{6\cdot8}+\cdots\cdots+\frac{1}{2n(2n+2)}$$

5 次の式で定められる数列 $\{a_n\}$ の一般項を求めよ。

$$a_1=1,\ a_{n+1}=a_n+4n+2 \quad (n=1, 2, 3, \cdots\cdots)$$

6 次の式で定められる数列 $\{a_n\}$ の一般項を求めよ。

$$a_1=3,\ a_{n+1}=2a_n-4 \quad (n=1, 2, 3, \cdots\cdots)$$

7 すべての自然数 n について，次の等式が成り立つことを，数学的帰納法を用いて証明せよ。

$$2+6+10+\cdots\cdots+(4n-2)=2n^2$$

12 期待値・分散・標準偏差の復習

例題 15 期待値(1)

あるくじの総本数は 100 本であり，右の表のような賞金がついている。このくじを 1 本引くときの賞金の期待値を求めよ。

	賞金	本数
1 等	1000 円	5 本
2 等	500 円	10 本
3 等	200 円	20 本
4 等	0 円	65 本

▶期待値

X の値	x_1	x_2	……	x_n	計
確率	p_1	p_2	……	p_n	1

$x_1p_1+x_2p_2+\cdots\cdots+x_np_n$
の値を X の期待値という。

解　1 等，2 等，3 等，4 等である確率は，それぞれ $\dfrac{5}{100}$, $\dfrac{10}{100}$, $\dfrac{20}{100}$, $\dfrac{65}{100}$

よって，求める期待値は

$$1000\times\frac{5}{100}+500\times\frac{10}{100}+200\times\frac{20}{100}+0\times\frac{65}{100}=\mathbf{140}\ \textbf{(円)}$$

例題 16 期待値(2)

100 円硬貨 3 枚を同時に投げて，表の出た硬貨がもらえるとき，もらえる金額の期待値を求めよ。

解　表が出る枚数とその確率は

3 枚　$\dfrac{{}_3C_3}{2^3}=\dfrac{1}{8}$,　　2 枚　$\dfrac{{}_3C_2}{2^3}=\dfrac{3}{8}$

1 枚　$\dfrac{{}_3C_1}{2^3}=\dfrac{3}{8}$,　　0 枚　$\dfrac{{}_3C_0}{2^3}=\dfrac{1}{8}$

よって，もらえる金額とその確率は，右の表のようになる。

ゆえに，求める期待値は

$$300\times\frac{1}{8}+200\times\frac{3}{8}+100\times\frac{3}{8}+0\times\frac{1}{8}=\mathbf{150}\ \textbf{(円)}$$

金額	300 円	200 円	100 円	0 円	計
確率	$\frac{1}{8}$	$\frac{3}{8}$	$\frac{3}{8}$	$\frac{1}{8}$	1

類題

63 あるくじの総本数は 100 本であり，右の表のような賞金がついている。このくじを 1 本引くときの賞金の期待値を求めよ。

	賞金	本数
1 等	10000 円	2 本
2 等	5000 円	3 本
3 等	1000 円	15 本
4 等	0 円	80 本

64 さいころを 1 回投げて，1 の目が出たら 150 点，偶数の目が出たら 50 点もらえるとする。このとき，得点の期待値を求めよ。

例題 17　分散と標準偏差

大きさが5のデータ

　4, 6, 7, 8, 10

の分散 s^2 と標準偏差 s を求めよ。

解 5個のデータの平均値は

$$\frac{4+6+7+8+10}{5}=7 \quad \leftarrow \overline{x}=\frac{1}{n}(x_1+x_2+\cdots+x_n)$$

であるから, 分散は

$$s^2=\frac{(4-7)^2+(6-7)^2+(7-7)^2+(8-7)^2+(10-7)^2}{5}$$

$$=\frac{20}{5}=\mathbf{4}$$

└─ 分散(1)の公式

また, 標準偏差は　$s=\sqrt{4}=\mathbf{2}$

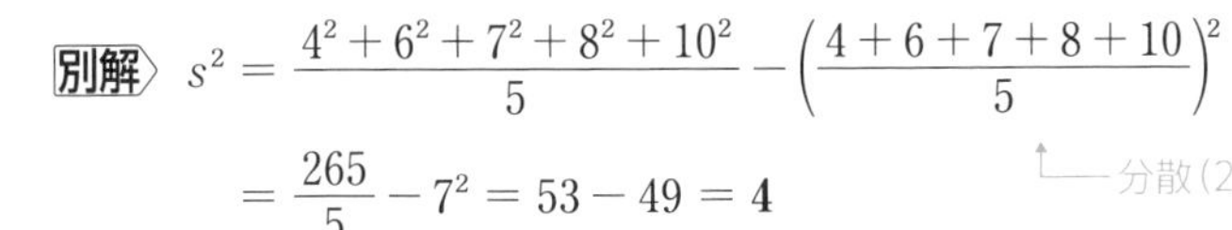

別解 $s^2=\dfrac{4^2+6^2+7^2+8^2+10^2}{5}-\left(\dfrac{4+6+7+8+10}{5}\right)^2$

$$=\frac{265}{5}-7^2=53-49=\mathbf{4}$$

└─ 分散(2)の公式

▶分散と標準偏差

[分散(1)]

$$s^2=\frac{1}{n}\{(x_1-\overline{x})^2+(x_2-\overline{x})^2+\cdots+(x_n-\overline{x})^2\}$$

$x_1-\overline{x}$, $x_2-\overline{x}$, …, $x_n-\overline{x}$ を平均値からの偏差または単に偏差という。

[分散(2)]

$$s^2=\frac{1}{n}(x_1^2+x_2^2+\cdots+x_n^2)-\left\{\frac{1}{n}(x_1+x_2+\cdots+x_n)\right\}^2$$

$$=\overline{x^2}-(\overline{x})^2$$

[標準偏差] …分散の正の平方根

$$s=\sqrt{\frac{1}{n}\{(x_1-\overline{x})^2+(x_2-\overline{x})^2+\cdots+(x_n-\overline{x})^2\}}$$

$$=\sqrt{\overline{x^2}-(\overline{x})^2}$$

2章 確率分布と統計的な推測

類題

65 大きさが5のデータ 5, 6, 2, 4, 8 について, 次のものを求めよ。

(1) 平均値 $\overline{x}$

(2) 分散 s^2（分散(1)の公式を用いる）

(3) 分散 s^2（分散(2)の公式を用いる）

(4) 標準偏差 s

13 確率変数と確率分布

例題 18 確率変数と確率分布

10 本のうち 2 本が当たりであるくじがある。このくじから 3 本のくじを同時に引くとき，その中に含まれる当たりくじの本数を X とする。

(1) X の確率分布を求めよ。

(2) 確率 $P(1 \leqq X \leqq 2)$ を求めよ。

(1) X のとり得る値は 0，1，2 である。

$$P(X=0)=\frac{{}_8C_3}{{}_{10}C_3}=\frac{56}{120}$$ ←$X=0$ となる確率

$$P(X=1)=\frac{{}_2C_1 \times {}_8C_2}{{}_{10}C_3}=\frac{56}{120}$$ ←$X=1$ となる確率

$$P(X=2)=\frac{{}_2C_2 \times {}_8C_1}{{}_{10}C_3}=\frac{8}{120}$$ ←$X=2$ となる確率

よって，X の確率分布は次の表のようになる。

X	0	1	2	計
P	$\frac{56}{120}$	$\frac{56}{120}$	$\frac{8}{120}$	1

←確率分布の表では，確率は約分しなくてよい。
これは，期待値（次項）などを求めるとき都合がよいからである。

(2) $P(1 \leqq X \leqq 2)=P(X=1)+P(X=2)$

$$=\frac{56}{120}+\frac{8}{120}=\frac{64}{120}=\mathbf{\frac{8}{15}}$$

▶確率変数
1 つの試行の結果によって値が定まり，それぞれに対応して確率が定まるような変数

▶確率分布
確率変数の値と，それぞれの値をとる確率との対応関係

X	x_1　x_2　……　x_n	計
P	p_1　p_2　……　p_n	1

このとき

$p_1 \geqq 0,\ p_2 \geqq 0,\ \cdots\cdots,\ p_n \geqq 0$

$p_1+p_2+\cdots\cdots+p_n=1$

▶確率の表し方
確率変数 X が

・$X=a$ となる確率
　$P(X=a)$

・a 以上 b 以下の値をとる確率
　$P(a \leqq X \leqq b)$

類題

66 4 枚の硬貨を同時に投げるとき，表の出る枚数を X とする。

(1) X の確率分布を求めよ。

(2) 確率 $P(2 \leqq X \leqq 3)$ を求めよ。

67 赤球 5 個と白球 3 個が入っている袋から，2 個の球を同時に取り出すとき，その中に含まれる赤球の個数を X とする。

(1) X の確率分布を求めよ。

(2) 確率 $P(0 \leqq X \leqq 1)$ を求めよ。

68 2個のさいころを同時に投げるとき，出た目の大きい方をXとする。ただし，同じ目が出た場合はその目をXとする。

(1) Xの確率分布を求めよ。

(2) 確率$P(2 \leqq X \leqq 4)$を求めよ。

69 1から7までの数字が1つずつかかれた7枚のカードがある。この中から3枚同時に引くとき，その中に含まれる奇数のカードの枚数をXとする。このとき，Xの確率分布を求めよ。

70 100円硬貨1枚，50円硬貨2枚を同時に投げて，表の出た硬貨を賞金としてもらえるものとし，もらえる金額をXとする。

(1) Xの確率分布を求めよ。

(2) 確率$P(X \geqq 100)$を求めよ。

71 1とかかれた球3個，2とかかれた球5個が入っている袋がある。この袋から3個の球を同時に取り出し，3個の球にかかれた数の和をXとする。このとき，Xの確率分布を求めよ。

JUMP 13 1個のさいころを3回続けて投げるとき，出た目の最大値をXとする。このとき，Xの確率分布を求めよ。

14 確率変数の期待値

例題 19 確率変数の期待値とその性質

赤球 3 個と白球 6 個が入っている袋から，2 個の球を同時に取り出すとき，取り出された赤球が 2 個ならば 3 点，赤球が 1 個ならば 2 点，赤球が 1 個もないならば 1 点とし，その得点を X とする。

(1) X の期待値 $E(X)$ を求めよ。

(2) $3X+5$ の期待値 $E(3X+5)$ を求めよ。

(3) X^2 の期待値 $E(X^2)$ を求めよ。

解 (1) X のとり得る値は，3，2，1 である。

$$P(X=3)=\frac{{}_3C_2}{{}_9C_2}=\frac{3}{36}$$ ←赤球が 2 個である確率

$$P(X=2)=\frac{{}_3C_1\times{}_6C_1}{{}_9C_2}=\frac{18}{36}$$ ←赤球が 1 個である確率

$$P(X=1)=\frac{{}_6C_2}{{}_9C_2}=\frac{15}{36}$$ ←赤球が 0 個である確率

であるから，X の確率分布は右の表のようになる。よって，求める期待値 $E(X)$ は

X	3	2	1	計
P	$\frac{3}{36}$	$\frac{18}{36}$	$\frac{15}{36}$	1

$$E(X)=3\times\frac{3}{36}+2\times\frac{18}{36}+1\times\frac{15}{36}=\boldsymbol{\frac{5}{3}}$$

(2) $E(3X+5)=3E(X)+5$

$$=3\times\frac{5}{3}+5=\mathbf{10}$$

(3) $$E(X^2)=3^2\times\frac{3}{36}+2^2\times\frac{18}{36}+1^2\times\frac{15}{36}=\boldsymbol{\frac{19}{6}}$$

▶確率変数の期待値（平均）

確率変数 X の確率分布が次の表の通りであるとする。

X	x_1 x_2 …… x_n	計
P	p_1 p_2 …… p_n	1

このとき，X の期待値（または平均）$E(X)$ は

$$E(X)=\sum_{k=1}^{n}x_kp_k=x_1p_1+x_2p_2+\cdots\cdots+x_np_n$$

▶$aX+b$ の期待値

a，b を定数とするとき

$E(aX+b)=aE(X)+b$

▶X^2 の期待値

$$E(X^2)=\sum_{k=1}^{n}x_k{}^2p_k=x_1{}^2p_1+x_2{}^2p_2+\cdots\cdots+x_n{}^2p_n$$

類題

72 10 本のうち 2 本が当たりであるくじがあり，当たりくじ 1 本につき 10 円がもらえる。このくじから 2 本のくじを同時に引くとき，もらえる金額を X とする。

(1) X の確率分布を求めよ。

(2) X の期待値 $E(X)$ を求めよ。

(3) $7X+30$ の期待値 $E(7X+30)$ を求めよ。

(4) X^2 の期待値 $E(X^2)$ を求めよ。

73 3枚の硬貨を同時に投げるとき，表の出る枚数を X とする。

(1) X の期待値 $E(X)$ を求めよ。

(2) $10X+3$ の期待値 $E(10X+3)$ を求めよ。

74 1，2，3，4の数字がかいてあるカードがそれぞれ6枚，3枚，2枚，1枚ある。この12枚のカードから1枚を引くとき，カードにかいてある数字を X とする。

(1) X の期待値 $E(X)$ を求めよ。

(2) $30X-10$ の期待値 $E(30X-10)$ を求めよ。

(3) X^2 の期待値 $E(X^2)$ を求めよ。

75 10本の中に1等500円を1本，2等100円を3本だけ含むくじがある。くじを引いたあと，もらえる金額について，

(ア) くじを2本同時に引き，当たった金額がもらえる

(イ) くじを1本だけ引き，当たった金額の2倍の金額がもらえる

のいずれかを選択する。

(1) (ア)の場合，もらえる金額の期待値を求めよ。

(2) (イ)の場合，もらえる金額の期待値を求めよ。

JUMP 14 数直線上を動く点Pは，最初は原点にあり，1枚の硬貨を投げるごとに表が出たら $+3$ だけ，裏が出たら $+1$ だけ進む。硬貨を4回続けて投げるとき，表の出る回数を X，点Pの座標を Y とする。X，Y の期待値をそれぞれ求めよ。

15 確率変数の分散と標準偏差

例題 20 確率変数の分散と標準偏差

1個のさいころを投げて，出た目を4で割ったときの余りをXとする。

(1) Xの分散$V(X)$と標準偏差$\sigma(X)$を求めよ。

(2) $-2X+1$の分散$V(-2X+1)$と標準偏差$\sigma(-2X+1)$を求めよ。

解 (1) 出た目が
1または5のとき $X=1$,
2または6のとき $X=2$,
3のとき $X=3$,
4のとき $X=0$

X	0	1	2	3	計
P	$\frac{1}{6}$	$\frac{2}{6}$	$\frac{2}{6}$	$\frac{1}{6}$	1

であるから，Xの確率分布は上の表のようになる。
Xの期待値$E(X)$と，X^2の期待値$E(X^2)$は

←分散$V(X)$を右の公式を用いて求めたいので，$E(X)$と$E(X^2)$を求める

$$E(X)=0\times\frac{1}{6}+1\times\frac{2}{6}+2\times\frac{2}{6}+3\times\frac{1}{6}=\frac{3}{2}$$

$$E(X^2)=0^2\times\frac{1}{6}+1^2\times\frac{2}{6}+2^2\times\frac{2}{6}+3^2\times\frac{1}{6}=\frac{19}{6}$$

よって，分散 $V(X)=E(X^2)-\{E(X)\}^2=\frac{19}{6}-\left(\frac{3}{2}\right)^2=\mathbf{\frac{11}{12}}$

標準偏差 $\sigma(X)=\sqrt{V(X)}=\sqrt{\frac{11}{12}}=\frac{\sqrt{11}}{2\sqrt{3}}=\mathbf{\frac{\sqrt{33}}{6}}$

(2) 分散 $V(-2X+1)=(-2)^2V(X)=4\times\frac{11}{12}=\mathbf{\frac{11}{3}}$

標準偏差 $\sigma(-2X+1)=|-2|\sigma(X)=2\times\frac{\sqrt{33}}{6}=\mathbf{\frac{\sqrt{33}}{3}}$

▶確率変数の分散・標準偏差

確率変数Xの確率分布が次の表の通りであるとする。

X	x_1	x_2	……	x_n	計
P	p_1	p_2	……	p_n	1

このとき，Xの分散$V(X)$は

$$V(X)=E((X-m)^2)=(x_1-m)^2p_1+(x_2-m)^2p_2+\cdots\cdots+(x_n-m)^2p_n$$

(ただし，$m=E(X)$)

Xの標準偏差$\sigma(X)$は

$\sigma(X)=\sqrt{V(X)}$

分散・標準偏差を求めるときは，次の公式を用いることが多い。

$V(X)=E(X^2)-\{E(X)\}^2$

$\sigma(X)=\sqrt{E(X^2)-\{E(X)\}^2}$

▶$aX+b$の分散・標準偏差

a，bを定数とするとき，

$V(aX+b)=a^2V(X)$

$\sigma(aX+b)=|a|\sigma(X)$

類題

76 赤球3個と白球2個が入っている袋から2個の球を同時に取り出すとき，取り出された赤球の個数をXとする。

(1) Xの分散$V(X)$を求めよ。

(2) Xの標準偏差$\sigma(X)$を求めよ。

(3) $2X-3$の分散$V(2X-3)$と標準偏差$\sigma(2X-3)$を求めよ。

77 下の表の確率分布において，X の分散 $V(X)$ と標準偏差 $\sigma(X)$ を求めよ。

X	1	2	4	8	計
P	$\frac{2}{8}$	$\frac{3}{8}$	$\frac{2}{8}$	$\frac{1}{8}$	1

78 4枚の硬貨を同時に投げるとき，表の出る枚数を X とする。X の分散 $V(X)$ と標準偏差 $\sigma(X)$ を求めよ。

79 X の分散が6であるとき，$-4X-7$ の分散 $V(-4X-7)$ と標準偏差 $\sigma(-4X-7)$ を求めよ。

80 6本のうち3本が当たりであるくじがあり，当たりくじは1本につき200円の賞金がついている。このくじから3本のくじを同時に引くとき，引いたくじの賞金総額に300円を加えた金額がもらえる。

(1) もらえる金額の期待値を求めよ。

(2) もらえる金額の標準偏差を求めよ。

JUMP 15 3枚の硬貨を同時に投げ，表の硬貨1枚につき a 円，裏の硬貨1枚につき b 円もらえる（$a>b>0$ とする）。もらえる金額の期待値が45，標準偏差が $5\sqrt{3}$ のとき，a，b の値を求めよ。

16 確率変数の和と積

例題 21 確率変数の和と積

1から5までの数字が1つずつかかれた5枚のカードがある。この中から1枚引き，数字を確認して元に戻してもう一回1枚引く。このとき，1回目，2回目に引いた数をそれぞれ X, Y とする。

(1) 和 $X+Y$ の期待値 $E(X+Y)$ を求めよ。

(2) 積 XY の期待値 $E(XY)$ を求めよ。

(3) 和 $X+Y$ の分散 $V(X+Y)$ を求めよ。

解 (1) X, Y の確率分布はいずれも右の表のようになるから

X (Y)	1	2	3	4	5	計
P	$\frac{1}{5}$	$\frac{1}{5}$	$\frac{1}{5}$	$\frac{1}{5}$	$\frac{1}{5}$	1

$E(X)=E(Y)$

$=1\times\frac{1}{5}+2\times\frac{1}{5}+3\times\frac{1}{5}+4\times\frac{1}{5}+5\times\frac{1}{5}=3$

よって　$E(X+Y)=E(X)+E(Y)=3+3=\mathbf{6}$

(2) 確率変数 X, Y は独立であるから

$E(XY)=E(X)\cdot E(Y)=3\times3=\mathbf{9}$

←1回目の試行と2回目の試行は独立であるから，確率変数 X, Y も独立

(3) $E(X^2)=E(Y^2)$

$=1^2\times\frac{1}{5}+2^2\times\frac{1}{5}+3^2\times\frac{1}{5}+4^2\times\frac{1}{5}+5^2\times\frac{1}{5}=11$

であるから

$V(X)=V(Y)=E(X^2)-\{E(X)\}^2=11-3^2=2$

確率変数 X, Y は独立であるから

$V(X+Y)=V(X)+V(Y)=2+2=\mathbf{4}$

▶確率変数の和の期待値

2つの確率変数 X, Y に対し

$E(X+Y)=E(X)+E(Y)$

(注意) 確率変数 X, Y が独立（下記）であっても，独立でなくても，常に成り立つ。

▶確率変数の独立

確率変数 X のとる値 a と確率変数 Y のとる値 b のどの組に対しても

$P(X=a,\ Y=b)$

$=P(X=a)\times P(Y=b)$

が成り立つとき，確率変数 X, Y は独立であるという。

一般に，2つの試行 S, T が独立であるとき，S における確率変数 X と，T における確率変数 Y は独立である。

▶独立な確率変数の性質

2つの確率変数 X, Y が独立であるとき

積の期待値

$E(XY)=E(X)\cdot E(Y)$

和の分散

$V(X+Y)=V(X)+V(Y)$

類題

81 1から4までの数字が1つずつかかれた4個の球が入った箱Aと，1から3までの数字が1つずつかかれた3個の球が入った箱Bがある。箱A，Bから球を1個ずつ取り出し，取り出された球の数字をそれぞれ X, Y とする。

(1) X, Y の期待値 $E(X)$, $E(Y)$ をそれぞれ求めよ。

(2) 和 $X+Y$ の期待値 $E(X+Y)$ を求めよ。

(3) 積 XY の期待値 $E(XY)$ を求めよ。

(4) 和 $X+Y$ の分散 $V(X+Y)$ を求めよ。

82 100円硬貨2枚と50円硬貨2枚を同時に投げ，表の出た100円硬貨の金額の和をX，表の出た50円硬貨の金額の和をYとする。

(1) X，Yの期待値$E(X)$，$E(Y)$をそれぞれ求めよ。

(2) 和$X+Y$の期待値$E(X+Y)$を求めよ。

(3) 積XYの期待値$E(XY)$を求めよ。

(4) 和$X+Y$の分散$V(X+Y)$を求めよ。

83 赤球3個，白球2個が入った箱Aと，赤球1個，白球3個が入った箱Bがある。箱A，Bから球を2個ずつ同時に取り出し，各箱から取り出された赤球の個数をそれぞれX，Yとする。

(1) 積XYの期待値$E(XY)$を求めよ。

(2) 和$X+Y$の分散$(X+Y)$を求めよ。

JUMP 16 箱A，Bにはともに6個の球が入っていて，球には1つずつ数字がかかれている。箱A，Bともに，その数字は1が1個，2が2個，3が3個である。箱A，Bから球を1個ずつ取り出し，箱Aから取り出された球の数字Xを10の位，箱Bから取り出された球の数字Yを1の位として2桁の数Zをつくる。Zの期待値$E(Z)$と分散$V(Z)$を求めよ。

17 二項分布

例題 22 二項分布

1 個のさいころを 4 回投げるとき，4 以下の目が出る回数を X とする。4 以下の目が 2 回以上出る確率 $P(X \geqq 2)$ を求めよ。

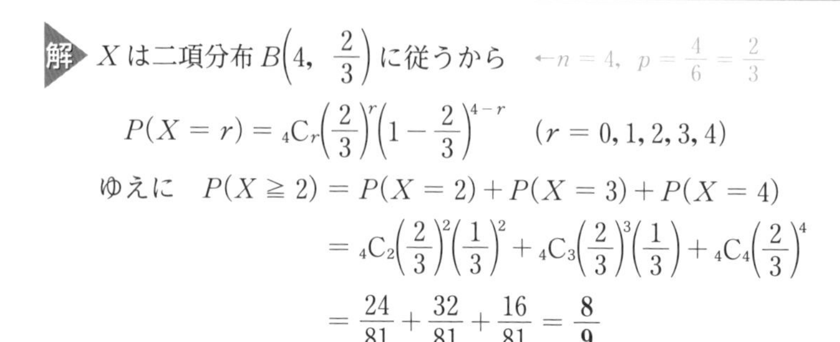

解 X は二項分布 $B\left(4,\ \dfrac{2}{3}\right)$ に従うから　←$n=4,\ p=\dfrac{4}{6}=\dfrac{2}{3}$

$$P(X=r)={}_4\mathrm{C}_r\left(\frac{2}{3}\right)^r\left(1-\frac{2}{3}\right)^{4-r}\quad (r=0,1,2,3,4)$$

ゆえに　$P(X \geqq 2)=P(X=2)+P(X=3)+P(X=4)$

$$={}_4\mathrm{C}_2\left(\frac{2}{3}\right)^2\left(\frac{1}{3}\right)^2+{}_4\mathrm{C}_3\left(\frac{2}{3}\right)^3\left(\frac{1}{3}\right)+{}_4\mathrm{C}_4\left(\frac{2}{3}\right)^4$$

$$=\frac{24}{81}+\frac{32}{81}+\frac{16}{81}=\mathbf{\frac{8}{9}}$$

▶二項分布

事象 A の起こる確率が p である試行を n 回繰り返す反復試行において，事象 A の起こる回数 X が $X=r$ となる確率は

$$P(X=r)={}_n\mathrm{C}_r p^r q^{n-r}$$
$$(r=0,1,2,\cdots,n)$$

(ただし $0 \leqq p \leqq 1,\ q=1-p$)

このとき，X が従う確率分布を，二項分布という。

二項分布は n と p で定まるから，$B(n,\ p)$ と表される。

例題 23 二項分布の期待値・分散・標準偏差

ある種は発芽する確率が 90 % であるという。この種 200 個をまくとき，発芽する種の個数 X の期待値 $E(X)$，分散 $V(X)$，標準偏差 $\sigma(X)$ を求めよ。

解 1 個の種について，それが発芽する確率 p は　$p=\dfrac{9}{10}$

よって，X は二項分布 $B\left(200,\ \dfrac{9}{10}\right)$ に従うから，

X の期待値 $E(X)$，分散 $V(X)$，標準偏差 $\sigma(X)$ は

$$E(X)=200\times\frac{9}{10}=\mathbf{180}$$

$$V(X)=200\times\frac{9}{10}\times\left(1-\frac{9}{10}\right)=\mathbf{18}$$

$$\sigma(X)=\sqrt{18}=\mathbf{3\sqrt{2}}$$　←$\sigma(X)=\sqrt{V(X)}$

▶二項分布の期待値・分散・標準偏差

確率変数 X が二項分布 $B(n,\ p)$ に従うとき，$q=1-p$ として

$E(X)=np$

$V(X)=npq$

$\sigma(X)=\sqrt{npq}$

類題

84 1 枚の硬貨を 5 回投げるとき，表が出る回数を X とする。表の出る回数が 2 回以上 3 回以下である確率 $P(2 \leqq X \leqq 3)$ を求めよ。

85 1 個のさいころを 120 回投げるとき，6 の目が出る回数を X とする。X の期待値 $E(X)$，分散 $V(X)$，標準偏差 $\sigma(X)$ を求めよ。

86 1から5までの数字が1つずつかかれた5個の球が入った袋がある。この袋から球を1個取り出し数字を確認して袋の中に戻す。これを3回繰り返すとき，偶数がかかれた球が出る回数をXとする。

(1) 確率$P(X=2)$を求めよ。

(2) 確率$P(X \leqq 1)$を求めよ。

87 1枚の硬貨を500回投げるとき，表が出る回数をXとする。Xの期待値$E(X)$と標準偏差$\sigma(X)$を求めよ。

88 2枚の硬貨を同時に投げる試行を4回繰り返すとき，2枚のうち表が1枚だけ出るという出方の回数をXとする。確率$P(X \geqq 2)$を求めよ。

89 2枚の硬貨を同時に投げる試行を80回繰り返すとき，2枚とも表が出るという出方の回数をXとする。Xの期待値$E(X)$と分散$V(X)$を求めよ。

90 ある1年間に生まれた人の中から無作為に100人を選ぶとき，4月生まれの人の数Xの期待値$E(X)$と標準偏差$\sigma(X)$を求めよ。ただし，その1年は365日間とし，1年のどの日に生まれるかは同様に確からしいものとする。

JUMP 17 1個のさいころを1回投げるごとに，5以上の目が出たら得点を4点，4以下の目が出たら得点を2点もらえる。さいころを30回投げたとき，合計得点の期待値，標準偏差を求めよ。

まとめの問題　確率分布

1　赤球6個と白球4個が入っている袋から，2個の球を同時に取り出すとき，その中に含まれる赤球の個数を X とする。

(1)　X の確率分布を求めよ。

(2)　確率 $P(X \leqq 1)$ を求めよ。

2　1，2，3，4の数字がかいてあるカードがそれぞれ4枚，3枚，2枚，6枚ある。この15枚のカードから1枚を引くとき，カードにかいてある数字を X とする。

(1)　X の期待値 $E(X)$ を求めよ。

(2)　X の30倍に5を加えた数を Y とするとき，Y の期待値 $E(Y)$ を求めよ。

3　右の表の確率分布において，X の分散 $V(X)$ と標準偏差 $\sigma(X)$ を求めよ。

X	2	4	6	8	計
P	$\frac{4}{10}$	$\frac{3}{10}$	$\frac{2}{10}$	$\frac{1}{10}$	1

4　10本のうち4本が当たりであるくじがあり，当たりくじ1本につき100円がもらえる。このくじから3本のくじを同時に引くとき，引いたくじの賞金総額に200円を加えた金額がもらえる。

(1)　もらえる金額の期待値を求めよ。

(2)　もらえる金額の標準偏差を求めよ。

5 100円硬貨1枚と50円硬貨3枚を同時に投げ，表の出た100円硬貨の金額をX，表の出た50円硬貨の金額の和をYとする。

(1) X，Yの期待値$E(X)$，$E(Y)$をそれぞれ求めよ。

(2) 和$X+Y$の期待値$E(X+Y)$を求めよ。

(3) 積XYの期待値$E(XY)$を求めよ。

(4) 和$X+Y$の分散$V(X+Y)$を求めよ。

6 1個のさいころを5回投げるとき，3の倍数の目が出る回数をXとする。確率$P(X \leqq 3)$を求めよ。

7 ある製品は不良品となる確率が5％であるという。たくさんあるこの製品の中から200個を取り出すとき，その中に含まれる良品の個数Xの期待値$E(X)$，分散$V(X)$，標準偏差$\sigma(X)$を求めよ。

18 正規分布

例題 24 確率密度関数

確率変数 X の確率密度関数が $f(x)=\dfrac{1}{3}x \ (0 \leqq x \leqq \sqrt{6})$ で表されるとき，確率 $P(1 \leqq X \leqq 2)$ を求めよ。

解 $P(1 \leqq X \leqq 2)$ は，下図の斜線部分の面積に等しいから

$$P(1 \leqq X \leqq 2)=\frac{1}{2}\times\left(\frac{1}{3}+\frac{2}{3}\right)\times 1=\mathbf{\frac{1}{2}}$$

↑台形の面積の公式 $\dfrac{1}{2}\times$(上底＋下底)×高さ

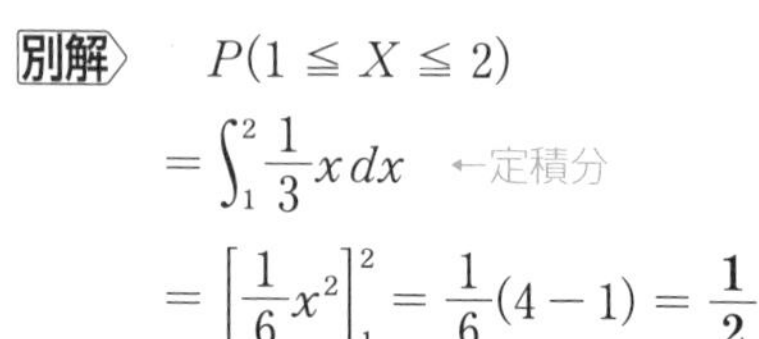

別解 $P(1 \leqq X \leqq 2)$

$$=\int_1^2 \frac{1}{3}x\,dx \quad \text{←定積分}$$

$$=\left[\frac{1}{6}x^2\right]_1^2=\frac{1}{6}(4-1)=\mathbf{\frac{1}{2}}$$

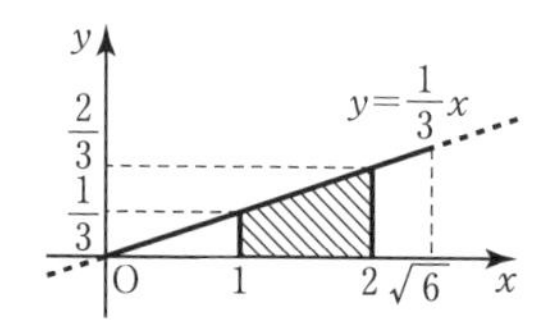

例題 25 標準正規分布

確率変数 Z が標準正規分布 $N(0,\ 1)$ に従うとき，
次の確率を巻末の正規分布表を用いて求めよ。

(1) $P(0 \leqq Z \leqq 2)$ (2) $P(-3 \leqq Z \leqq 0)$

(3) $P(-1.5 \leqq Z \leqq 1)$

解 (1) $P(0 \leqq Z \leqq 2)$

$=\mathbf{0.4772}$ ←正規分布表で t が 2.00 のとき

(2) $P(-3 \leqq Z \leqq 0)$ ←y 軸に関して対称であるから $P(-t \leqq Z \leqq 0)=P(0 \leqq Z \leqq t)$

$=P(0 \leqq Z \leqq 3)$

$=\mathbf{0.4987}$

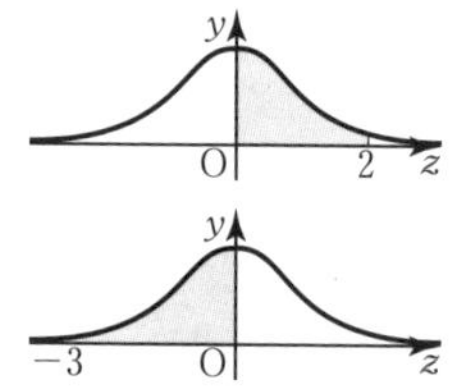

(3) $P(-1.5 \leqq Z \leqq 1)$

$=P(-1.5 \leqq Z \leqq 0)+P(0 \leqq Z \leqq 1)$

$=P(0 \leqq Z \leqq 1.5)+P(0 \leqq Z \leqq 1)$

$=0.4332+0.3413=\mathbf{0.7745}$

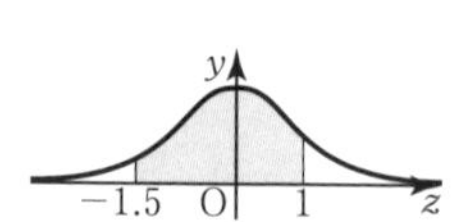

例題 26 確率変数の標準化

確率変数 X が正規分布 $N(3,\ 4^2)$ に従うとき，確率 $P(9 \leqq X \leqq 15)$ を求めよ。

解 $Z=\dfrac{X-3}{4}$ とおくと，Z は標準正規分布 $N(0,\ 1)$ に従う。

$X=9$ のとき $Z=\dfrac{9-3}{4}=1.5$ ↑$z=\dfrac{X-m}{\sigma}$ (標準化)

$X=15$ のとき $Z=\dfrac{15-3}{4}=3$

であるから

$P(9 \leqq X \leqq 15)=P(1.5 \leqq Z \leqq 3)$

$=P(0 \leqq Z \leqq 3)-P(0 \leqq Z \leqq 1.5)$

$=0.4987-0.4332=\mathbf{0.0655}$

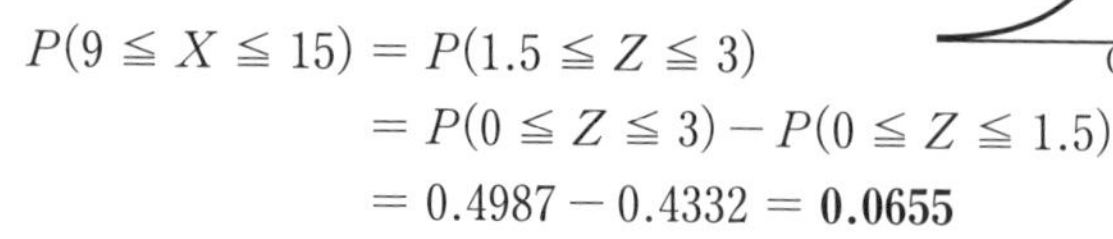

▶連続型確率変数と確率密度関数

ものの個数や，起こった回数などは，とびとびの値しかとらない。それに対して，連続した値をとる確率変数を連続型確率変数という。
連続型確率変数 X について，確率 $P(a \leqq X \leqq b)$ が曲線 $y=f(x)$，x 軸，2 直線 $x=a$，$x=b$ で囲まれた部分の面積で表されるとき，関数 $f(x)$ を X の確率密度関数，曲線 $f(x)$ を X の分布曲線という。
数学Ⅱで学ぶ定積分を用いると

$$P(a \leqq x \leqq b)=\int_a^b f(x)\,dx$$

▶正規分布と標準正規分布

連続型確率変数 X の確率密度関数が

$$f(x)=\frac{1}{\sqrt{2\pi}\,\sigma}e^{-\frac{(x-m)^2}{2\sigma^2}}$$

で表されるとき，X の分布は
　平均 m，標準偏差 σ の正規分布
であるといい，X は
正規分布 $N(m,\ \sigma^2)$ に従うという。
このとき，
X の期待値は $E(X)=m$
標準偏差は $\sigma(X)=\sigma$
特に，平均が $m=0$，標準偏差が $\sigma=1$ の正規分布 $N(0,\ 1)$ を標準正規分布という。
なお，確率変数 Z が標準正規分布 $N(0,\ 1)$ に従うときの確率 $P(0 \leqq Z \leqq t)$ の値は，巻末の正規分布表に載せてある。

▶確率変数の標準化

確率変数 X が正規分布 $N(m,\ \sigma^2)$ に従うとき，$Z=\dfrac{X-m}{\sigma}$ とおくと，確率変数 Z は標準正規分布 $N(0,\ 1)$ に従う。
このように，確率変数 X を，標準正規分布に従う確率変数 Z におきかえて考えることを，確率変数 X を標準化するという。

91 確率変数Xの確率密度関数が $f(x)=x$ $(0 \leqq x \leqq \sqrt{2})$ で表されるとき，次の確率を求めよ。

(1) $P(0 \leqq X \leqq 1)$

(2) $P(1 \leqq X \leqq \sqrt{2})$

92 確率変数Zが標準正規分布$N(0,\ 1)$に従うとき，次の確率を巻末の正規分布表を用いて求めよ。

(1) $P(0 \leqq Z \leqq 2.5)$

(2) $P(-1 \leqq Z \leqq 0)$

93 確率変数Xが正規分布$N(2,\ 5^2)$に従うとき，確率$P(2 \leqq X \leqq 12)$を求めよ。

94 確率変数Zが標準正規分布$N(0,\ 1)$に従うとき，次の確率を巻末の正規分布表を用いて求めよ。

(1) $P(-1.8 \leqq Z \leqq 0.6)$

(2) $P(1.1 \leqq Z \leqq 1.9)$

(3) $P(Z \geqq 2)$

95 確率変数Xが正規分布$N(10,\ 20^2)$に従うとき，確率$P(-5 \leqq X \leqq 5)$を求めよ。

JUMP 18 ある高校の生徒の身長の分布は，平均 166 cm，標準偏差 8 cm の正規分布とみなせるという。この中に身長 180 cm 以上の生徒はおよそ何％いるか。小数第 2 位を四捨五入して求めよ。

19 二項分布の正規分布による近似

例題 27 二項分布の正規分布による近似

硬貨2枚を同時に投げることを432回繰り返すとき，2枚とも表が出る回数が117回以上である確率を求めよ。

解 硬貨2枚を同時に1回だけ投げ，2枚とも表が出る確率は

$\left(\frac{1}{2}\right)^2=\frac{1}{4}$

よって，2枚とも表が出る回数をXとすると，Xは二項分布$B\left(432,\ \frac{1}{4}\right)$に従う。ゆえに，$X$の期待値$m$と標準偏差$\sigma$は

$m=432\times\frac{1}{4}=108$　　←$m=np$

$\sigma=\sqrt{432\times\frac{1}{4}\times\frac{3}{4}}=\sqrt{81}=9$　　←$\sigma=\sqrt{npq}$，$q=1-p$

したがって，$Z=\frac{X-108}{9}$とおくと，　←$Z=\frac{X-m}{\sigma}$（標準化）

Zは近似的に標準正規分布$N(0,\ 1)$に従う。

$X=117$ のとき　$Z=\frac{117-108}{9}=1$

であるから

$P(X\geqq 117)=P(Z\geqq 1)=P(Z\geqq 0)-P(0\leqq Z\leqq 1)$

$=0.5-0.3413=\mathbf{0.1587}$

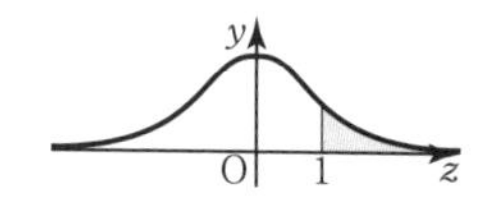

▶二項分布の正規分布による近似

① 二項分布$B(n,\ p)$に従う確率変数Xは，$q=1-p$とおくと，nが大きいとき，近似的に正規分布$N(np,\ npq)$に従う。

② 二項分布$B(n,\ p)$に従う確率変数Xに対し，$m=np$，$\sigma=\sqrt{npq}$（$q=1-p$）とし，$Z=\frac{X-m}{\sigma}$とおくと，nが大きいとき，Zは近似的に標準正規分布$N(0,\ 1)$に従う。

類題

96 3つの選択肢から1つを選んで答える問題が450問ある。この450問にでたらめに答えるとき，正答となる問題数をXとする。

(1) Xが従う二項分布を求めよ。

(2) Xの期待値mと標準偏差σを求めよ。

(3) $P(X\geqq 170)$を求めよ。

97 1個のさいころを180回投げるとき，6の目が出る回数をXとする。

(1) Xの期待値mと標準偏差σを求めよ。

(2) $P(X \leqq 22)$を求めよ。

(3) $P(20 \leqq X \leqq 45)$を求めよ。

98 発芽する確率が80％の種を1600個まいて，発芽した種の個数をXとする。

(1) $P(X \geqq 1280)$を求めよ。

(2) $P(X \geqq 1232)$を求めよ。

(3) $P(1288 \leqq X \leqq 1300)$を求めよ。

JUMP 19 Exercise 98において，$P(X \leqq a) = 0.8413$となるような定数aの値を求めよ。

20 母集団と標本

例題 28 母集団分布

1，2，3 の数字を 1 つずつかいた球が，それぞれ 10 個，6 個，4 個ある。これら 20 個の球を母集団とし，球にかかれた数字を X とする。このとき，次のものを求めよ。

(1) X の母平均 m　　(2) X の母標準偏差 σ

(1) X の母集団分布は右のようになる。

X	1	2	3	計
P	$\frac{10}{20}$	$\frac{6}{20}$	$\frac{4}{20}$	1

よって

$$m = 1\times\frac{10}{20} + 2\times\frac{6}{20} + 3\times\frac{4}{20}$$

$$= \frac{34}{20} = \mathbf{\frac{17}{10}}$$

(2) X の母分散 σ^2 は

$$\sigma^2 = \left(1^2\times\frac{10}{20} + 2^2\times\frac{6}{20} + 3^2\times\frac{4}{20}\right) - m^2$$

$$= \frac{7}{2} - \left(\frac{17}{10}\right)^2 = \frac{61}{100}$$

よって　$\sigma = \sqrt{\frac{61}{100}} = \mathbf{\frac{\sqrt{61}}{10}}$

▶母集団

母集団…調査対象となる集団全体

個体…母集団に属する個々の対象

母集団の大きさ…個体の総数

▶母集団分布

大きさ N の母集団で，変量 X が n 個の値 x_1，x_2，……，x_n をとり，各値をとる個体の個数を f_1，f_2，…，f_n とする。次の表のような X の確率分布を母集団分布という。

X	x_1	x_2	…	x_n	計
P	$\frac{f_1}{N}$	$\frac{f_2}{N}$	…	$\frac{f_n}{N}$	1

X の期待値，分散，標準偏差を，それぞれ母平均，母分散，母標準偏差という。

例題 29 標本平均の期待値・標準偏差

母平均 18，母標準偏差 5 の母集団から，大きさ 100 の標本を無作為抽出するとき，その標本平均 $\overline{X}$ の期待値 $E(\overline{X})$ と標準偏差 $\sigma(\overline{X})$ を求めよ。

期待値　$E(\overline{X}) = \mathbf{18}$　　←$E(\overline{X}) = m$

標準偏差　$\sigma(\overline{X}) = \frac{5}{\sqrt{100}} = \frac{5}{10} = \mathbf{\frac{1}{2}}$　　←$\sigma(\overline{X}) = \frac{\sigma}{\sqrt{n}}$

▶標本平均の期待値・標準偏差

母平均 m，母標準偏差 σ の母集団から，大きさ n の標本を復元抽出するとき，標本平均 $\overline{X}$ の期待値と標準偏差は

$$E(\overline{X}) = m,\ \sigma(\overline{X}) = \frac{\sigma}{\sqrt{n}}$$

例題 30 標本平均の分布

母平均 50，母標準偏差 20 の母集団から，大きさ 100 の標本を無作為抽出するとき，その標本平均 $\overline{X}$ が 54 以上となる確率を求めよ。

$\overline{X}$ は正規分布　$N\left(50,\ \frac{20^2}{100}\right)$，　←$m = 50$，$\sigma = 20$，$n = 100$

すなわち　$N(50,\ 2^2)$ に従うとみなせる。

よって　$Z = \frac{\overline{X} - 50}{2}$　　←$\overline{X}$ の標準化

とおくと，Z は近似的に標準正規分布 $N(0,\ 1)$ に従う。

$\overline{X} = 54$ のとき　$Z = \frac{54 - 50}{2} = 2$

であるから

$$P(\overline{X} \geqq 54) = P(Z \geqq 2)$$

$$= P(Z \geqq 0) - P(0 \leqq Z \leqq 2)$$

$$= 0.5 - 0.4772 = \mathbf{0.0228}$$

▶標本平均の分布

母平均 m，母標準偏差 σ の母集団から，大きさ n の標本を復元抽出するとき，n が十分大きければ，標本平均 $\overline{X}$ は近似的に正規分布 $N\left(m,\ \frac{\sigma^2}{n}\right)$ に従う。

99 1, 2, 3 の数字を 1 つずつかいた球が，それぞれ 3 個，5 個，1 個ある。これら 9 個の球を母集団とし，球にかかれた数字を X とする。次のものを求めよ。

(1) X の母集団分布

(2) X の母平均 m

(3) X の母分散 σ^2

(4) X の母標準偏差 σ

100 母平均 30，母標準偏差 8 の母集団から，大きさ 64 の標本を無作為抽出するとき，その標本平均 $\overline{X}$ の期待値 $E(\overline{X})$ と標準偏差 $\sigma(\overline{X})$ を求めよ。

101 ある生物の体長は，平均 168.5 mm，標準偏差 6.4 mm の正規分布に従うという。この生物 100 匹を無作為抽出するとき，次のものを求めよ。

(1) 体長の標本平均の期待値

(2) 体長の標本平均の標準偏差

102 母平均 70，母標準偏差 24 の母集団から，大きさ 144 の標本を無作為抽出するとき，その標本平均 $\overline{X}$ が 68 以上である確率を求めよ。

JUMP 20 母平均 80，母標準偏差 30 の母集団から，大きさ n の標本を無作為抽出する。その標本平均 $\overline{X}$ が 77 以上 83 以下である確率が 0.8664 となるとき，n の値を求めよ。

21 母平均・母比率の推定

例題 31 母平均の推定(1)

母標準偏差が 16 である母集団から，大きさ 100 の標本を無作為抽出したところ，標本平均が 58.0 であった。母平均 m に対する信頼度 95 %の信頼区間を求めよ。

$$1.96\times\frac{16}{\sqrt{100}}\fallingdotseq 3.1$$

であるから，信頼度 95 %の信頼区間は

$$58.0-3.1\leqq m\leqq 58.0+3.1$$

よって　$\mathbf{54.9\leqq m\leqq 61.1}$

例題 32 母平均の推定(2)

ある養鶏場で，100 個の卵を無作為抽出して重さを調べたところ，平均値 60.5 g，標準偏差 4.6 g であった。この養鶏場の卵全体における重さの平均値 m を，信頼度 95 %で推定せよ。

母標準偏差 σ のかわりに標本の標準偏差 4.6 を用いる。
標本の大きさが 100 であるから

$$1.96\times\frac{4.6}{\sqrt{100}}\fallingdotseq 0.9$$

また，標本平均が 60.5 であるから，
母平均 m に対する信頼度 95 %の信頼区間は

$$60.5-0.9\leqq m\leqq 60.5+0.9$$

すなわち　$59.6\leqq m\leqq 61.4$

よって，養鶏場の卵全体における重さの平均値は，信頼度 95 %で **59.6 g 以上 61.4 g 以下**と推定される。

▶**母平均の推定**

ある母集団から標本を抽出したとき，その標本平均から母集団の平均値（母平均）を推測することを，母平均の推定という。

母標準偏差 σ の母集団から大きさ n の標本を無作為抽出するとき，n が十分大きければ，母平均 m に対する信頼度 95 %の信頼区間は

$$\overline{X}-1.96\times\frac{\sigma}{\sqrt{n}}\leqq m\leqq\overline{X}+1.96\times\frac{\sigma}{\sqrt{n}}$$

母平均だけでなく母標準偏差 σ も分からないときは，標本の大きさ n が十分大きければ，母標準偏差のかわりに標本の標準偏差を用いてよい。

例題 33 母比率の推定

ある世論調査で，有権者から無作為抽出した 1600 人について政策 A に賛成する人数を調べたところ，1024 人いた。有権者全体の賛成者の比率 p を，信頼度 95 %で推定せよ。

標本の大きさが 1600，標本比率が $\dfrac{1024}{1600}=0.64$ であるから

$$1.96\times\sqrt{\frac{0.64\times 0.36}{1600}}\fallingdotseq 0.024$$

よって，母比率 p の信頼度 95 %の信頼区間は

$$0.64-0.024\leqq p\leqq 0.64+0.024$$

すなわち　$0.616\leqq p\leqq 0.664$

ゆえに，有権者全体の賛成者の比率は，信頼度 95 %で **0.616 以上 0.664 以下**と推定される。

▶**母比率の推定**

母集団において，ある性質 A をもつものの割合を性質 A の母比率という。また，母集団から抽出した標本において，性質 A をもつものの割合を標本比率という。

ある母集団において，標本比率から母比率を推測することを，母比率の推定という。

標本の大きさ n が大きいとき，標本比率を $\overline{p}$ とすると，母比率 p に対する信頼度 95 %の信頼区間は

$$\overline{p}-1.96\sqrt{\frac{\overline{p}(1-\overline{p})}{n}}\leqq p\leqq\overline{p}+1.96\sqrt{\frac{\overline{p}(1-\overline{p})}{n}}$$

103 母標準偏差 $\sigma=3.3$ である母集団から，大きさ 900 の標本を無作為抽出したところ，標本平均が 150.5 であった。母平均 m に対する信頼度 95 %の信頼区間を求めよ。

104 ある工場で生産されたネジの中から，400 本のネジを無作為抽出して長さを調べたところ，平均値 49.4 mm，標準偏差 1.0 mm であった。この工場のネジ全体における長さの平均値 m を，信頼度 95 %で推定せよ。

105 ある母集団から，大きさ 900 の標本を無作為抽出したところ，A という性質をもつ標本の比率が 0.9 であった。性質 A の母比率 p に対する信頼度 95 %の信頼区間を求めよ。

106 ある市で，無作為抽出した 400 世帯について新聞 A を購読しているか調べたところ，購読しているのは 80 世帯であった。この市の全世帯の購読率 p を，信頼度 95 %で推定せよ。

107 ある工場で生産された製品の中から，100 個を無作為抽出して耐久時間を調べたところ，平均値 1520 時間，標準偏差 200 時間であった。この工場の製品全体における耐久時間の平均値 m を，信頼度 95 %で推定せよ。

JUMP 21 Exercise 107 において，m を信頼度 99 %で推定せよ。ただし，標本平均を $\overline{X}$，標本の大きさを n，母標準偏差を σ とするとき，信頼度 99 %の信頼区間は $\overline{X}-2.58\times\dfrac{\sigma}{\sqrt{n}} \leqq m \leqq \overline{X}+2.58\times\dfrac{\sigma}{\sqrt{n}}$ である。

22 仮説検定

例題 34 仮説検定

ある工場で製造される製品の重さは，平均 300 g，標準偏差 9 g の正規分布に従うという。ある日，製品 100 個を無作為抽出して重さを調べたところ，平均値は 298 g であった。この日の製品は異常であるといえるか。有意水準 5 %で仮説検定せよ。

帰無仮説を「この日の製品は異常でない」とする。
帰無仮説が正しければ，この日の製品の重さ X は
正規分布 $N(300,\ 9^2)$ に従う。　$\leftarrow N(m,\ \sigma^2)$
このとき，標本平均 $\overline{X}$ は
正規分布 $N\left(300,\ \dfrac{9^2}{100}\right)$ に従う。　$\leftarrow N\left(m,\ \dfrac{\sigma^2}{n}\right)$
よって，有意水準 5 %の棄却域は

$$\overline{X} \leqq 300-1.96\times\frac{9}{\sqrt{100}},\quad 300+1.96\times\frac{9}{\sqrt{100}} \leqq \overline{X}$$

より　$\overline{X} \leqq 298.2,\ 301.8 \leqq \overline{X}$
$\overline{X}=298$ は棄却域に入るから，帰無仮説は棄却される。
すなわち，この日の製品は**異常であるといえる。**

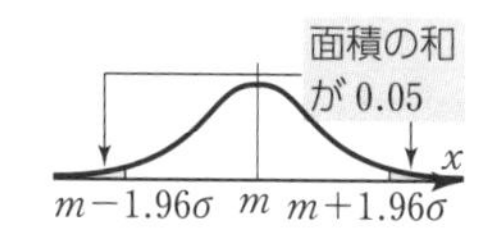

▶仮説検定
標本から得られた結果から，母集団についての仮説を立て，それが正しいかを判断する方法
〈手順〉
① 正しいかを判断したい主張（対立仮説）に反する仮説（帰無仮説）を立てる。
② 判断の基準となる確率（有意水準）を定め，有意水準以下となる確率変数の値の範囲（棄却域）を求める。
③ 標本から得られた確率変数の値が
(i) 棄却域に入れば，帰無仮説は誤りと判断される（棄却される）。
(ii) 棄却域に入らなければ，帰無仮説は誤りと判断されない（棄却されない）。このとき，帰無仮説は正しいとも誤りともいえない。

▶正規分布の棄却域
帰無仮説にもとづいた確率変数 X が正規分布 $N(m,\ \sigma^2)$ に従うとき，有意水準 5 %の棄却域は
$X \leqq m-1.96\sigma,\ m+1.96\sigma \leqq X$

類題

108 ある果樹園の例年のみかん 1 個の重さは，平均 100 g，標準偏差 6 g の正規分布に従うという。ある年，この果樹園のみかん 400 個を無作為抽出して重さを調べたところ，平均値は 107 g であった。この年のみかんの重さは例年と異なるといえるか，有意水準 5 %で仮説検定した次の文章の空欄を埋めよ。

帰無仮説を「この年のみかんの重さは例年と［ 異なる ・ 変わらない ］」とする。

帰無仮説が正しければ，この年のみかんの重さ X は

正規分布 $N(\boxed{\quad},\ \boxed{\quad})$ に従う。

このとき，標本平均 $\overline{X}$ は

正規分布 $N(\boxed{\quad},\ \boxed{\quad})$ に従う。

よって，有意水準 5 %の棄却域は

$$\overline{X} \leqq 100-\boxed{\quad}\times\frac{6}{\sqrt{400}},\quad 100+\boxed{\quad}\times\frac{6}{\sqrt{400}} \leqq \overline{X}$$

より　$\overline{X} \leqq \boxed{\quad},\ \boxed{\quad} \leqq \overline{X}$

$\overline{X}=107$ は棄却域に［ 入る ・ 入らない ］から，帰無仮説は棄却［ される ・ されない ］。

すなわち，この年のみかんの重さは例年と異なると［ いえる ・ いえない ］。

109 3つの畑 A，B，C がある果樹園のみかんの重さは，平均 120 g，標準偏差 20 g の正規分布に従うという。畑 A のみかん 400 個を無作為抽出して重さを調べたところ，平均値は 119 g であった。畑 A のみかんの重さは全体に比べて違いがあるといえるか仮説検定したい。

(1) 帰無仮説を立てよ。

(2) 帰無仮説が正しいとするとき，畑 A のみかんの重さはどのような分布に従うか。

(3) 帰無仮説が正しいとするとき，標本平均 $\overline{X}$ はどのような分布に従うか。

(4) 有意水準を 5 %とするとき，棄却域を求めよ。

(5) 有意水準を 5 %とするとき，畑 A のみかんの重さは全体に比べて違いがあるといえるか。

110 ある工場で製造される製品の重さは，平均 200 kg，標準偏差 5 kg の正規分布に従うという。ある日，製品 100 個を無作為抽出して重さを調べたところ，平均値は 202 kg であった。この日の製品は異常であるといえるか。有意水準 5 %で仮説検定せよ。

JUMP 22 ある 1 個のさいころを 180 回投げたところ，1 の目が 36 回出た。このさいころは 1 の目が出る確率が $\frac{1}{6}$ でないといえるか。有意水準 5 %で仮説検定せよ。

まとめの問題　正規分布，統計的な推測

1　確率変数 Z が標準正規分布 $N(0,\ 1)$ に従うとき，次の確率を巻末の正規分布表を用いて求めよ。

(1)　$P(0 \leqq Z \leqq 1.8)$

(2)　$P(-2.2 \leqq Z \leqq 0)$

(3)　$P(-1.3 \leqq Z \leqq 0.8)$

(4)　$P(Z \geqq 1.96)$

2　確率変数 X が正規分布 $N(10,\ 5^2)$ に従うとき，$P(0 \leqq X \leqq 8)$ を求めよ。

3　硬貨2枚を同時に投げることを1200回繰り返すとき，2枚とも表が出る回数が336回以上である確率を求めよ。

4　0，1，2，3の数字を1つずつかいた球が，それぞれ3個，9個，6個，2個ある。これら20個の球を母集団とし，球にかかれた数字を X とする。次のものを求めよ。

(1)　X の母平均 m

(2)　X の母標準偏差 σ

5 母平均 45，母標準偏差 6 の母集団から，大きさ 400 の標本を無作為抽出するとき，その標本平均 $\overline{X}$ の期待値 $E(\overline{X})$ と標準偏差 $\sigma(\overline{X})$ を求めよ。

6 ある缶ジュースから 100 個を無作為抽出して重さを調べたところ，平均値 350.6 g，標準偏差 2.6 g であった。この缶ジュース全体における重さの平均値 m を，信頼度 95 %で推定せよ。

7 ある地域の視聴率調査で，世帯から無作為抽出した 2500 人について番組 A を視聴していた世帯数を調べたところ，500 世帯であった。世帯全体の視聴率 p を，信頼度 95 %で推定せよ。

8 ある工場で製造されるネジの長さは，平均 9.9 cm，標準偏差 0.4 cm の正規分布に従うという。ある日，ネジ 100 個を無作為抽出して長さを調べたところ，平均値は 10.0 cm であった。この日のネジは異常であるといえるか。有意水準 5 %で仮説検定せよ。

こたえ

▶第1章◀ 数列

1 (1) 順に 13，21 (2) 順に 6，48 (3) -18 (4) 順に 9，25 (5) 順に 7，-5 (6) $\frac{1}{7}$ (7) $\frac{3}{4}$

2 (1) $a_n=3n$ (2) $a_n=n+3$ (3) $a_n=\frac{1}{2n}$

3 (1) 5，7，9，11，13 (2) -2，-5，-8，-11，-14

4 (1) $a_n=4n$ (2) $a_n=\frac{1}{n^2}$ (3) $a_n=n^3$

5 (1) 1，3，7，15，31 (2) -2，-2，0，4，10 (3) $\frac{1}{5}$，$\frac{1}{4}$，$\frac{3}{11}$，$\frac{2}{7}$，$\frac{5}{17}$

6 (1) $a_n=(-2)^n$ (2) $a_n=\frac{1}{2n+1}$

JUMP 1 $a_n=\frac{2}{3n}$

7 1，4，7，10，13

8 (1) $a=3$，$d=4$ (2) $a=5$，$d=-3$

9 (1) $a=1$，$d=5$ (2) $a_n=5n-4$ (3) 第 20 項

10 (1) $a_n=7n-5$ (2) 72 (3) 第 15 項

11 $a_n=3n+1$

12 6

13 $a_n=3n-7$

14 $a_n=4n-3$

15 第 11 項

16 $x=12$

JUMP 2 $(a, b, c)=(-3, -1, 1)$，$(1, -1, -3)$

17 (1) 360 (2) 1180

18 1162

19 (1) -798 (2) -594

20 (1) 234 (2) 72

21 (1) 2485 (2) 1600

22 999

JUMP 3 $n=5$

23 5，10，20，40，80

24 (1) $a=7$，$r=2$ (2) $a_n=7\times2^{n-1}$ (3) 448

25 (1) $a_n=3^n$，$a_5=243$ (2) $a_n=13\times\left(-\frac{1}{2}\right)^{n-1}$，$a_5=\frac{13}{16}$

26 3

27 4

28 初項 3，公比 -2

29 $a_n=5\times2^{n-1}$ または $a_n=-5\times(-2)^{n-1}$

30 $\pm3\sqrt{6}$

JUMP 4 $x=-10$，$y=20$

31 (1) 315 (2) 122

32 (1) $1-(-2)^n$ (2) $10\left\{1-\left(\frac{1}{2}\right)^n\right\}$

33 (1) 3^n-1 (2) $-\frac{1}{2}\{1-(-1)^n\}$

34 (1) $\frac{2}{3}\left\{1-\left(-\frac{1}{2}\right)^n\right\}$ (2) $\frac{85}{128}$

35 第 7 項

36 第 9 項

JUMP 5 $a=1$，$r=-3$

まとめの問題 数列①

1 (1) $a=2$，$d=4$ (2) $a_n=4n-2$ (3) 第 18 項

2 (1) $a_n=-3n+8$ (2) -292

3 $a_n=3n-10$

4 (1) 560 (2) $n(2n-1)$

5 $\frac{1}{2}n(-5n+13)$

6 676

7 (1) $a=2$，$r=2$ (2) $a_n=2^n$ (3) 1024

8 第 10 項

9 ±8

10 (1) 511 (2) 0 (3) $\frac{1}{18}(3^n-1)$

11 (1) $\frac{1}{8}(2^n-1)$ (2) 第 8 項

37 (1) $(2\times1-1)+(2\times2-1)+(2\times3-1)$ $(=1+3+5)$ (2) $2\cdot1^3+2\cdot2^3+2\cdot3^3+2\cdot4^3+2\cdot5^3$ $(=2+16+54+128+250)$ (3) $3^5+3^6+3^7+\cdots\cdots+3^n$

38 (1) $\sum_{k=1}^{7}3k$ (2) $\sum_{k=1}^{15}k^3$ (3) $\sum_{k=1}^{40}2^k$

39 (1) 465 (2) 385 (3) 5115

40 (1) $n(n+6)$ (2) $n(n+1)^2$ (3) $n(n+1)(n-1)$

41 (1) $(n-1)(2n+3)$ (2) $(n-1)(n^2-2)$

42 (1) $\frac{1}{3}n(n+1)(2n+1)$ (2) $\frac{1}{3}n(n^2+6n+11)$

JUMP 6 $n^3-\frac{1}{2}n^2-\frac{1}{2}n-5$

43 初項から第 5 項までは 1，2，3，4，5 一般項は $b_n=n$

44 (1) -1，-2，-3，-4，-5 (2) $a_n=-\frac{1}{2}n^2+\frac{1}{2}n+10$

45 (1) 1，2，4，8，16 (2) $b_n=2^{n-1}$ (3) $2^{n-1}-1$ (4) $a_n=2^{n-1}+4$

46 $a_n=2n^2-5n+4$

47 $a_n=\frac{3^n-1}{2}$

JUMP 7 $\frac{12n+(-2)^n-1}{9}$

48 (1) $S_1=1$, $S_2=4$, $S_3=9$, $S_4=16$
$a_1=1$, $a_2=3$, $a_3=5$, $a_4=7$
(2) $a_n=2n-1$

49 (1) $a_n=2n+1$ (2) $a_n=4n-6$

50 $a_n=-2n+4$

51 $a_n=\begin{cases}-1 & (n=1 \text{ のとき}) \\ 2n-4 & (n \geqq 2 \text{ のとき})\end{cases}$

JUMP 8 150

52 $\dfrac{n}{3(n+3)}$

53 (1) $\dfrac{n}{3(2n+3)}$ (2) $\dfrac{n(3n+5)}{4(n+1)(n+2)}$

54 (1) $\dfrac{(2n-1)\cdot 3^{n+1}+3}{4}$ (2) $(2n-3)\cdot 2^n+3$

JUMP 9 $\dfrac{n(n+5)}{12(n+2)(n+3)}$

55 $a_n=\dfrac{3}{2}n^2-\dfrac{3}{2}n+1$

56 $a_n=2\times 3^{n-1}+1$

57 (1) $a_n=3n+1$ (2) $a_n=3\times 2^{n-1}$
(3) $a_n=3n^2-4n+6$ (4) $a_n=2\times 3^{n-1}-1$

58 (1) $a_n=\dfrac{2}{3}n^3-n^2+\dfrac{1}{3}n+3$
(2) $a_n=-2\times(-3)^{n-1}+3$

JUMP 10 (1) $b_{n+1}=b_n+1$ (2) $a_n=\dfrac{1}{n}$

59 上から順に，2，$1\cdot(1+1)=2$，
$k(k+1)$，$(k+1)(k+2)$

60 上から順に，1，$2^1-1=1$，2^k-1，$2^{k+1}-1$

61 略

62 略

JUMP 11 略

まとめの問題　数列②

1 (1) 525 (2) 378
(3) $n(2n+1)$ (4) $\dfrac{1}{3}n(n-1)(n-2)$
(5) $\dfrac{1}{3}(n-1)(n^2+n-18)$

2 (1) $b_n=3n-1$ (2) $a_n=\dfrac{3}{2}n^2-\dfrac{5}{2}n-5$

3 $a_n=2n-5$

4 $\dfrac{n}{4(n+1)}$

5 $a_n=2n^2-1$

6 $a_n=-2^{n-1}+4$

7 略

▶第2章◀　確率分布と統計的な推測

63 500 円

64 50 点

65 (1) 5 (2) 4
(3) 4 (4) 2

66 (1)

X	0	1	2	3	4	計
P	$\frac{1}{16}$	$\frac{4}{16}$	$\frac{6}{16}$	$\frac{4}{16}$	$\frac{1}{16}$	1

(2) $\dfrac{5}{8}$

67 (1)

X	0	1	2	計
P	$\frac{3}{28}$	$\frac{15}{28}$	$\frac{10}{28}$	1

(2) $\dfrac{9}{14}$

68 (1)

X	1	2	3	4	5	6	計
P	$\frac{1}{36}$	$\frac{3}{36}$	$\frac{5}{36}$	$\frac{7}{36}$	$\frac{9}{36}$	$\frac{11}{36}$	1

(2) $\dfrac{5}{12}$

69

X	0	1	2	3	計
P	$\frac{1}{35}$	$\frac{12}{35}$	$\frac{18}{35}$	$\frac{4}{35}$	1

70 (1)

X	0	50	100	150	200	計
P	$\frac{1}{8}$	$\frac{2}{8}$	$\frac{2}{8}$	$\frac{2}{8}$	$\frac{1}{8}$	1

(2) $\dfrac{5}{8}$

71

X	3	4	5	6	計
P	$\frac{1}{56}$	$\frac{15}{56}$	$\frac{30}{56}$	$\frac{10}{56}$	1

JUMP 13

X	1	2	3	4	5	6	計
P	$\frac{1}{216}$	$\frac{7}{216}$	$\frac{19}{216}$	$\frac{37}{216}$	$\frac{61}{216}$	$\frac{91}{216}$	1

72 (1)

X	0	10	20	計
P	$\frac{28}{45}$	$\frac{16}{45}$	$\frac{1}{45}$	1

(2) 4 (3) 58 (4) $\dfrac{400}{9}$

73 (1) $\dfrac{3}{2}$ (2) 18

74 (1) $\dfrac{11}{6}$ (2) 45 (3) $\dfrac{13}{3}$

75 (1) 160 円 (2) 160 円

JUMP 14 X の期待値 2，Y の期待値 8

76 (1) $\frac{9}{25}$ (2) $\frac{3}{5}$

(3) $V(2X-3)=\frac{36}{25}$, $\sigma(2X-3)=\frac{6}{5}$

77 $V(X)=\frac{19}{4}$, $\sigma(X)=\frac{\sqrt{19}}{2}$

78 $V(X)=1$, $\sigma(X)=1$

79 $V(-4X-7)=96$, $\sigma(-4X-7)=4\sqrt{6}$

80 (1) 600円 (2) $60\sqrt{5}$ 円

JUMP 15 $a=20$, $b=10$

81 (1) $E(X)=\frac{5}{2}$, $E(Y)=2$

(2) $\frac{9}{2}$ (3) 5 (4) $\frac{23}{12}$

82 (1) $E(X)=100$, $E(Y)=50$

(2) 150 (3) 5000 (4) 6250

83 (1) $\frac{3}{5}$ (2) $\frac{61}{100}$

JUMP 16 $E(Z)=\frac{77}{3}$, $V(Z)=\frac{505}{9}$

84 $\frac{5}{8}$

85 $E(X)=20$, $V(X)=\frac{50}{3}$, $\sigma(X)=\frac{5\sqrt{6}}{3}$

86 (1) $\frac{36}{125}$ (2) $\frac{81}{125}$

87 $E(X)=250$, $\sigma(X)=5\sqrt{5}$

88 $\frac{11}{16}$

89 $E(Y)=20$, $V(Y)=15$

90 $E(X)=\frac{600}{73}$, $\sigma(X)=\frac{10\sqrt{402}}{73}$

JUMP 17 期待値80点，標準偏差 $\frac{4\sqrt{15}}{3}$ 点

まとめの問題　確率分布

1 (1)

X	0	1	2	計
P	$\frac{6}{45}$	$\frac{24}{45}$	$\frac{15}{45}$	1

(2) $\frac{2}{3}$

2 (1) $\frac{8}{3}$ (2) 85

3 $V(X)=4$, $\sigma(X)=2$

4 (1) 320円 (2) $20\sqrt{14}$ 円

5 (1) $E(X)=50$（円），$E(Y)=75$（円）

(2) 125（円） (3) 3750 (4) 4375

6 $\frac{232}{243}$

7 $E(X)=190$, $V(X)=\frac{19}{2}$, $\sigma(X)=\frac{\sqrt{38}}{2}$

91 (1) $\frac{1}{2}$ (2) $\frac{1}{2}$

92 (1) 0.4938 (2) 0.3413

93 0.4772

94 (1) 0.6898 (2) 0.1070 (3) 0.0228

95 0.1747

JUMP 18 およそ4.0％

96 (1) $B\left(450, \frac{1}{3}\right)$ (2) $m=150$, $\sigma=10$

(3) 0.0228

97 (1) $m=30$, $\sigma=5$ (2) 0.0548

(3) 0.9759

98 (1) 0.5 (2) 0.9987 (3) 0.2029

JUMP 19 $a=1296$

99 (1)

X	1	2	3	計
P	$\frac{3}{9}$	$\frac{5}{9}$	$\frac{1}{9}$	1

(2) $\frac{16}{9}$ (3) $\frac{32}{81}$ (4) $\frac{4\sqrt{2}}{9}$

100 $E(\overline{X})=30$, $\sigma(\overline{X})=1$

101 (1) 168.5 mm (2) 0.64 mm

102 0.8413

JUMP 20 $n=225$

103 $150.3 \leqq m \leqq 150.7$

104 49.3 mm以上49.5 mm以下

105 0.88以上0.92以下

106 0.161以上0.239以下

107 1480.8時間以上1559.2時間以下

JUMP 21 1468.4時間以上1571.6時間以下

108 上から順に，変わらない，
100, 6^2,
100, $\frac{6^2}{400}$,
99.412, 100.588,
入る，される，
いえる

109 (1) 畑Aのみかんの重さは全体に比べ違いがない

(2) 正規分布 $N(120, 20^2)$

(3) 正規分布 $N\left(120, \frac{20^2}{400}\right)$

(4) $\overline{X} \leqq 118.0$, $122.0 \leqq \overline{X}$

(5) 違いがあるといえない。

110 異常であるといえる。

JUMP 22 $\frac{1}{6}$ でないとはいえない。

1 (1) 0.4641 (2) 0.4861

(3) 0.6913 (4) 0.0250

2 0.3218

3 0.0082

4 (1) $\frac{27}{20}$ (2) $\frac{\sqrt{291}}{20}$

5 $E(\overline{X})=45$, $\sigma(\overline{X})=0.3$

6 350.1 g以上351.1 g以下

7 0.18以上0.22以下

8 異常であるといえる。

アクセスノート　数学B

●編　者――実教出版編修部
●発行者――小田良次
●印刷所――大日本印刷株式会社

●発行所――実教出版株式会社
〒102-8377
東京都千代田区五番町5
電　話〈営業〉(03)3238-7777
〈編修〉(03)3238-7785
〈総務〉(03)3238-7700
https://www.jikkyo.co.jp/

002402023　ISBN 978-4-407-35712-7